dtv

Das Büro ist ein Kosmos für sich und nicht immer geht es harmonisch zu. Nach außen hin werden Teamarbeit und Motivation großgeschrieben und Karriere zu machen gilt als selbstverständlich. Doch jeder Beschäftigte weiß: Das ist schöne Theorie. Die Praxis sieht anders aus. Viele Arbeitgeber predigen Teamspirit, setzen aber auf individuellen Leistungsdruck. Sie sprechen von Führungsverantwortung und lassen die Mitarbeiter mit ihren Problemen im Stich. Sie schwärmen von Kreativität, schaffen aber eine Atmosphäre, in der jeder Elan abstumpft. Und dazwischen steht der einzelne Arbeitnehmer und versucht den Anforderungen, die an ihn gestellt werden, und den Anforderungen, die er an sich selbst stellt, gerecht zu werden.

Nicola Holzapfel greift die alltäglichen Ärgernisse im Berufsleben auf und zeigt, was man dagegen tun kann. In zehn Kapiteln, von der Arbeitsorganisation über die Zusammenarbeit mit Vorgesetzten und Kollegen bis hin zu den typischen körperlichen Problemen von Bildschirmarbeitern führt sie durch die Höhen und Tiefen der Arbeitswelt. Sie zeigt: Für jedes Jobproblem gibt es eine Lösung.

Nicola Holzapfel, Jahrgang 1969, studierte Politik, Volkswirtschaftslehre und Öffentliches Recht. Sie war sieben Jahre lang Redakteurin bei sueddeutsche.de, dem Online-Auftritt der Süddeutschen Zeitung, wo sie das Ressort Job & Karriere verantwortet hat, danach Chefin vom Dienst bei ›SZ Wissen‹. Sie schreibt regelmäßig über die Themen Arbeitsmarkt, Bildung, Hochschule, Beruf und Karriere. Nicola Holzapfel lebt mit ihrer Familie in München. Zuletzt ist von ihr erschienen: Ich verdiene mehr Gehalt! (2009).

NICOLA HOLZAPFEL

DER BÜRO COACH

Die besten Lösungen für Probleme im Job

Deutscher Taschenbuch Verlag

Ausführliche Informationen über
unsere Autoren und Bücher
finden Sie auf unserer Website
www.dtv.de

Originalausgabe
© 2010 Deutscher Taschenbuch Verlag GmbH & Co. KG,
München
www.dtv.de
Dieses Werk wurde vermittelt durch die Literaturagentur Kai Gathemann.
Das Werk ist urheberrechtlich geschützt.
Sämtliche, auch auszugsweise Verwertungen
bleiben vorbehalten.
Umschlagkonzept: Balk & Brumshagen
Umschlaggestaltung: Lisa Helm
Satz: Greiner & Reichel, Köln
Gesetzt aus der LinoLetter Std 9,3/12,25˙
Druck und Bindung: C.H. Beck, Nördlingen
Gedruckt auf säurefreiem, chlorfrei gebleichtem Papier
Printed in Germany
ISBN 978-3-423-34598-9

Inhalt

Einleitung

»Mein Job macht mir Spaß« – wer würde das nicht gerne sagen. Doch viele sehen sich gezwungen, ein großes »Aber« nachzuschieben: »Aber im Moment ist bei uns viel zu viel zu tun und ich mache Überstunden ohne Ende« oder »Aber ich habe so Pech mit meinem Vorgesetzten. Er kann überhaupt nicht führen« oder »Aber der neue Kollege kann einem alles verleiden. Er ist ein echter Fiesling.«

Sobald das »Aber« im Job dominiert, wird es schwierig: Schließlich verbringen wir meist 40 und mehr Stunden pro Woche in der Arbeit, sie macht einen großen Teil unseres Lebens aus. Natürlich erhalten wir Geld für unsere Leistung, aber wäre es nicht viel besser, wir würden sie gerne und mit Elan erbringen?

Natürlich wäre es das. Und: Das ist gar nicht so schwer. Es gibt viele Gründe, warum es im Job schlecht laufen kann und man mehr frustriert als motiviert ist. Doch zum Glück gibt es auch viele Möglichkeiten, Abhilfe zu schaffen.

Sicher läge es oft bei anderen, die Situation zu bessern: Chefs sollten endlich richtig führen lernen und Arbeitgeber ihre Mitarbeiter schätzen und nicht nur fordern, sondern auch fördern. Doch wenn weder Vorgesetzter noch Unternehmen sich ändern, soll man dann auf Dauer frustriert bleiben? Nein, mit Sicherheit nicht! Dann heißt es eben, die Schwierigkeiten selbst anzugehen.

Dieses Buch soll dabei helfen. Es zeigt Auswege, Änderungsmöglichkeiten – und manchmal kleine Fluchten. In zehn Kapiteln, von der Arbeitsorganisation über die Zusammenarbeit mit Vorgesetzten und Kollegen bis hin zu den typischen körperlichen Problemen von Bildschirmarbeitern führt es durch die Höhen und Tiefen der Arbeitswelt. Wann immer dabei die Rede von Mitarbeitern oder Vorgesetzten ist, sind selbstverständlich sowohl Sie, liebe Leserin, als auch Sie, lieber Leser, gemeint.

Sie werden sehen: Für jeden Jobschmerz gibt es eine Lösung. Manchmal muss man vielleicht nur etwas an seiner Einstellung ändern, manchmal sich ordentlich zur Wehr setzen oder die richtigen Konsequenzen ziehen. Das Wichtigste dabei ist immer: Probleme direkt anzugehen, statt sie den Arbeitsalltag und die Stimmung dominieren zu lassen. Damit Sie sich in die Themengebiete weiter vertiefen können, gibt es für jedes Kapitel Literaturempfehlungen und Link-Tipps.

Ziehen Sie sich selbst aus dem Jobfrust! Das Buch soll Ihnen dabei zur Seite stehen. Damit Sie wieder mit Überzeugung sagen können: Mein Job macht mir Spaß.

Arbeitsorganisation

Arbeitslast

In den vergangenen Jahren ist die Arbeitslast in den Unternehmen deutlich gestiegen. Die Firmen haben Personal abgebaut und die Aufgabenmenge einfach auf weniger Köpfe verteilt. Gleichzeitig wurden neue Arbeitsformen wie die Projektarbeit eingeführt. Sie gibt dem einzelnen Mitarbeiter mehr Verantwortung, die aber auch negative Seiten hat: Wenn die zeitlichen und personellen Ressourcen knapp sind, setzt das die Mitarbeiter unter hohen Druck. Dieser verstärkt sich noch, wenn der Arbeitgeber Leistungsbezahlung eingeführt hat. Dann werden die individuellen Ergebnisse sehr genau kontrolliert und bestimmen zudem die Höhe des Gehalts in Form von Boni.

Für die Mitarbeiter birgt diese Situation zwei Schwierigkeiten: Einmal die zeitliche Ausdehnung ihres Einsatzes in Form von Überstunden zu beschränken – darauf werden wir im zweiten Kapitel eingehen. Und zum Zweiten: die tägliche Arbeitslast überhaupt bewältigen zu können.

So wird es besser

Der erste Schritt ist das Erkennen der eigenen Situation, die persönliche Diagnose: »Ich arbeite zu viel und das tut mir nicht gut.«

Wenn Sie so weit sind, diesen Satz zu unterschreiben, ist der Anfang zur Besserung schon gemacht. Andere stecken so tief im Hamsterrad, dass sie gar nicht dazu kommen, ihre Situation und Arbeitslast zu hinterfragen. Als Nächstes zählt Ihr Wille: Der unabdingbare Wunsch, etwas zu ändern. Erst danach kommt die eigentliche Arbeit: die Veränderungen in Angriff zu nehmen.

Arbeitsvolumen analysieren

Wenn Sie Ihre Arbeitslast verringern möchten, beginnen Sie damit, Ihr tagtägliches Arbeitsvolumen zu analysieren. Beantworten Sie dafür die folgenden Fragen:

Welche Aufgaben sind am wichtigsten?

Welche Tätigkeiten könnte ich delegieren?

Woher kommen die Aufgaben, die ich bewältige: Entstammen Sie meinem eigenen Verantwortungsbereich? Übernehme ich zusätzlich etwas von Kollegen oder Vorgesetzten?

Was sind typische Störer, die mich von meinen Aufgaben abhalten? (Das können E-Mails, Nachfragen von Kollegen oder Anfragen von Kunden sein.)

Wie sieht mein Arbeitstag gewöhnlich aus? Wie ist er strukturiert? Also: Wann muss ich an Besprechungen teilnehmen? Wann widme ich mich Anfragen verschiedener Seiten? Wann arbeite ich hochkonzentriert? Und: Welche Aufgaben genau bewältige ich in den Überstunden und in meiner Wochenendarbeit?

Nehmen Sie sich ausreichend Zeit, um über diese Fragen nachzudenken und sie für sich zu beantworten. Manchen hilft es, sich Stichpunkte aufzuschreiben. Versuchen Sie, die Arbeitslast bildlich in den Griff zu bekommen: Besteht Ihr Arbeitstag aus einem Arbeitsstapel in der Mitte, um den herum die verschiedensten Störer kreisen? Oder beginnen Sie Ihren Arbeitstag in der Früh mit einem übersichtlichen Stapel, der sich im Lauf des Tages durch verschiedene Anforderungen und Anfragen in einen unübersichtlichen Haufen entwickelt? Malen Sie auf, wie sich Ihr Tag und Ihre Arbeit gestalten. Das Ergebnis wird Sie möglicherweise verblüffen und für Anhaltspunkte sorgen, wo Sie ansetzen und was Sie unbedingt verändern sollten.

Prioritäten setzen

Wenn Sie dauernd zu viel zu tun haben, kommen Sie nicht darum herum, über die Bedeutung der einzelnen Aufgaben nachzudenken: Was ist wirklich wichtig? Was muss ich zuerst angehen? Diese beiden Fragen sollten Sie sich immer stellen, wenn plötzlich zu viel Verschiedenes auf Sie einstürmt. Sie sollten auch jeden Arbeitstag damit beginnen, sich über Ihre Prioritäten klar zu werden. Ziehen Sie das wirklich Wichtige vor. Räumen Sie ihm den Platz ein, der ihm gebührt. Das heißt: Fangen Sie mit der wichtigsten Aufgabe nicht fünf Minuten vor einem Meeting an. Sondern sorgen Sie dafür, dass Sie diese Aufgabe in Ruhe und am Stück bewältigen können. Blenden Sie währenddessen alles andere aus.

Öfter Nein sagen
Es ist die Last der Gutmütigen, sich zu viel aufhalsen zu lassen. Wenn Ihnen dadurch alles über den Kopf wächst, ist es höchste Zeit, Ihre Hilfsbereitschaft zu dosieren: Lernen Sie, Nein zu sagen. Der Kollege bittet um Unterstützung, der Chef um schnelle Hilfe, die Sekretärin versteht einen ausländischen Anrufer nicht. Warum wenden sich alle damit an Sie? Wahrscheinlich weil Sie Ihnen bislang immer aus der Patsche geholfen haben. Das bedeutete für Sie mehr Arbeit, für die anderen war es vor allem: bequem.

Überlegen Sie das nächste Mal erst, ob Sie für die Anfrage und Bitte Ihres Chefs oder Kollegen Zeit haben. Rekapitulieren Sie auch Ihre Prioritäten. Wenn eine Anfrage in einem ungünstigen Moment kommt, sagen Sie das höflich, beispielsweise so: »Nein, ich kann dir gerade leider nicht helfen, weil ich erst xy fertig machen muss.« Wenn Sie möchten, können Sie natürlich auch auf später vertrösten (»Wir können das heute Abend oder in der Mittagspause besprechen.«).

Wenn Sie bislang immer bereitwillig für alle da waren, sollten Sie den anderen einen Lernprozess zugestehen. Die Kollegen müssen sich erst daran gewöhnen, dass sie nicht mehr alles bei Ihnen abladen können. Bleiben Sie dabei vor allem beharrlich und lassen Sie sich nicht von Ihrem Nein abbringen. Sie sind nicht für die Aufgaben und Schwierigkeiten Ihrer Umgebung verantwortlich.

Schwieriger ist es, wenn sich der Chef persönlich mit allerlei kurzfristigen Bitten und Fragen an Sie wendet. In diesem Fall ist vor allem wichtig, dass Sie ihn auf die Konsequenzen der zusätzlichen Arbeitsbelastung aufmerksam machen. Zum Beispiel, indem Sie ihn darauf hinweisen: »Ich kann das gerne für Sie bis morgen übernehmen, aber dafür bleibt xy liegen und wird erst später fertig.« Damit geben Sie Ihrem Vorgesetzten die Chance, die Wichtigkeit und Dringlichkeit dieser neuen Aufgabe einzuordnen.

Störer auf ihren Platz verweisen
So praktisch Telefon und E-Mail sind, sie können einen in den Wahnsinn treiben, wenn man konzentriert an etwas arbeiten möchte. Da bleibt nur: abschalten. Stellen Sie bei Ihrem Telefon den Anrufbeantworter an und beim E-Mail-Programm das akustische Signal aus. Sorgen Sie für Ruhe und Sie werden sehen: Sie werden deutlich schneller fertig. Denn nach jedem Anruf und nach jeder Mail muss man sich erst wieder neu in die Aufgabe einfinden. Wie Wissenschaftler der Universität Kalifornien herausfanden, dauert es acht Minuten, um nach einer solchen Störung wieder die Gedanken zu sammeln und konzentriert weiterzumachen.

Neben den modernen Kommunikationsmitteln gibt es noch die Unterbrechung durch Kollegen. Hier hilft nur klarzustellen, dass man momentan keine Zeit hat und nicht gestört werden möchte. Das geht freundlich und höflich mit dem Angebot, später selbst auf den Kollegen zuzukommen, möglicherweise vereinbart man sogar eine Uhrzeit dafür.

Ideal ist es, wenn man es schafft, sich immer zu den ungefähr selben Zeiten zum konzentrierten Arbeiten zurückzuziehen, beispielsweise immer vormittags von 10 bis 12. Die Kollegen werden sich dann merken, dass diese Zeit schlecht für spontane Besuche und Anfragen ist.

Termine setzen
Termine können einen sehr unter Druck bringen und damit für Stress sorgen. Sie können aber auch hilfreich sein, vor

allem wenn man sie sich selbst setzt. Überlegen Sie, wenn Sie Ihre Aufgaben durchgehen und die Prioritäten bestimmen, bis wann Sie etwas erledigen möchten. Kalkulieren Sie dabei nicht zu knapp und rechnen Sie immer mögliche Verzögerungen mit ein. Sie werden sehen: Wenn Sie sich auf diese Art Ihre Termine selbst setzen, gewinnen Sie an Übersicht und Ihr Tag gewinnt an Struktur. Probieren Sie ein wenig aus, wie Sie am besten damit zurechtkommen.

Manchen hilft es, auch kleine Aufgaben wie Telefonate zu terminieren, anderen reicht ein Termin für die großen Projektarbeiten. Bleiben Sie gelassen, wenn sich ein Termin verzögert, setzen Sie sich deswegen bitte nicht unter Druck. Schließlich haben Sie ihn sich nicht gesetzt, um mehr Stress zu haben, sondern um Ihre Arbeit übersichtlicher zu gestalten. Bauen Sie nächstes Mal einen großzügigeren zeitlichen Puffer ein.

An To-do-Listen gewöhnen
Wenn Sie vor lauter unterschiedlichen Aufgaben nicht ein noch aus wissen, dann greifen Sie zu Blatt und Stift und schreiben sich alles, was erledigt werden soll, auf. Sortieren Sie in einem zweiten Schritt nach Prioritäten: Das Wichtigste gehört an oberste Stelle. Notieren Sie dann, bis wann Sie die einzelnen Aufgaben erledigen möchten und können. Über einige können Sie selbst zeitlich verfügen, bei anderen müssen Sie sich mit Kollegen verständigen. Ideal, wenn Sie bei den Absprachen gleich mehrere Punkte bündeln können.

Sie können To-do-Listen für jeden Tag anlegen, aber auch schon für mehrere Tage im Vorhinein planen. Wichtig: Gönnen Sie sich die Freude, Erledigtes abzuhaken. Es gibt Befriedigung, eine gut bearbeitete Liste anzuschauen. Was nicht erledigt werden konnte, übertragen Sie auf den nächsten Tag.

Wenn tagtäglich zu viel übrig bleibt und die Listen immer länger werden, läuft etwas falsch. Überdenken Sie noch einmal in Ruhe Ihr Arbeitspensum: Was ist wirklich wichtig? Was können Sie weglassen? Überlegen Sie, welche Aufgaben Sie delegieren könnten und welche möglicherweise ganz unter den Tisch fallen können.

Mut zum Delegieren haben
Es gibt verschiedene Gründe, alles selbst zu machen. Der eine Mitarbeiter ist der Überzeugung, die Sachen liefen nur dann, wenn er sie persönlich erledigt. Ein anderer hat Angst, ins Hintertreffen zu geraten, weil er etwas abgibt. Für beide lohnt es sich darüber nachzudenken, bestimmte Aufgaben zu delegieren. Denn es hilft niemandem – am allerwenigsten Ihnen selbst –, wenn Sie vor lauter Arbeit demnächst zusammenbrechen. Nutzen Sie die Chance, sich von Arbeit zu entlasten, und konzentrieren Sie sich auf das wirklich Wichtige. Das ist die Voraussetzung, um gute Ergebnisse liefern zu können.

Dazu gehört die oben genannte Analyse der eigenen Arbeit: Was hängt an der eigenen Person, was könnte man jemand anderem übergeben? Das kann beispielsweise die Recherche zu einem Projekt sein oder auch die Vorbereitung zu einer Präsentation. Sinnvoll ist es, in sich geschlossene Aufgaben zu delegieren. Das erleichtert dem Ausführenden die Arbeit und ist für ihn auch motivierender.

Daran schließt sich die schwierige Frage: Wem soll man diese Aufgaben übertragen? In den meisten Teams ist die Personaldecke dünn besetzt, jeder hat viel zu tun.

Die Lösung könnten Dienstleister, Auszubildende oder Praktikanten sein. Überlegen Sie, ob Sie diesen Vorschlag zunächst im Team oder direkt mit dem Chef besprechen möchten. Benennen Sie dabei die konkreten Aufgaben. Was für eine Diskussion im Team spricht: Wahrscheinlich geht es Kollegen ebenso wie Ihnen, auch sie wären über personelle Unterstützung froh. Dann können Sie im Gespräch mit dem Chef gemeinsam Ihre Argumente vorbringen. Möglicherweise gibt es aber auch einen Kollegen, vielleicht jemand, der neu dazugekommen ist, oder auch die Assistentin, die gerne andere Aufgaben übernehmen würde.

Wenn Sie Ihr Ziel erreicht haben und Aufgaben delegieren

können, nehmen Sie sich die Zeit, den Kollegen einzuarbeiten und für Fragen zur Verfügung zu stehen. Natürlich ist das erst einmal lästig, aber je besser Sie in die Aufgaben einweisen, umso besser können sie in Ihrem Sinne erfüllt werden. Seien Sie sich darüber klar, dass der Kollege die Arbeit natürlich nicht sofort so gut wie Sie machen kann. Möglicherweise hat er auch eine andere Herangehensweise, aber das muss nicht negativ sein.

Schreibtisch aufräumen

In manchen Büros sieht man auf den ersten Blick, dass hier jemand arbeitet, der zu viel zu tun hat: Das Papier stapelt sich in mehreren Bergen auf dem Schreibtisch, die Ablagen sind voll beladen, die Post liegt unbearbeitet daneben, der Bildschirm klebt voller Zettel.

Jeder arbeitet anders, mancher mag das kreative Chaos brauchen, um auf volle Touren zu kommen. Dennoch: Ein voll gestellter Schreibtisch lenkt ab. Und sicherlich birgt er haufenweise Papier und Unterlagen, die nie mehr gebraucht werden. Machen Sie also reinen Tisch, werfen Sie großzügig weg, behalten Sie nur, was Sie wirklich benötigen, und packen Sie das in einen Aktenordner. Sparen Sie sich unnötige Ausdrucke und archivieren Sie manches von vornherein nur elektronisch.

Ist Ihr Schreibtisch leer, halten Sie sich an folgende Regel: Legen Sie immer nur das auf Ihren Schreibtisch, an dem Sie gerade arbeiten. Ist die Aufgabe erledigt: weg damit. Sie werden sehen, was für ein gutes Gefühl es ist, abends einen »abgearbeiteten« Schreibtisch zu verlassen – und erst recht, morgens einen freien Arbeitsplatz vorzufinden.

Link-Hinweis

www.seiwert.de

Zeitmanagement-Trainer Lothar Seiwert gibt online Tipps für gestresste Berufsmenschen.

Infoflut
Ich versinke in Informationen und
verliere dadurch unnötig Arbeitszeit

Das Öffnen des E-Mail-Faches gehört zu den unangenehmen Momenten nach jedem Urlaub. Die Auszeit kann noch so schön, die Erholung noch so groß gewesen sein – die Tatsache, dass nach der Rückkehr Hunderte elektronischer Nachrichten unbearbeitet im Postfach liegen, macht sofort wieder Stress.

Die E-Mail-Flut, die tagtäglich über Arbeitnehmer hereinbricht, sorgt für teils kuriose Bewältigungsmechanismen. Einige haben den Kampf bereits aufgegeben: Ihr Postfach steckt voller unbearbeiteter Nachrichten und wird wohl demnächst explodieren. Andere löschen sofort, was sie gelesen haben – aus den Augen, aus dem Sinn –, und versäumen dadurch mitunter Wichtiges. Hätten sie gerade diese eine Mail doch besser aufgehoben! Wieder andere schauen alle paar Minuten die neuesten Mails durch und kommen so gar nicht mehr zum konzentrierten Arbeiten.

Auf die Mails verzichten mag dennoch niemand. Dazu ist es dann doch zu praktisch, schnell eine Nachricht zu verschicken. Und ist es durchaus von Vorteil, bestimmte Mails zu archivieren und jederzeit wieder parat zu haben. Ebenso wie große Dokumente mal schnell am Bildschirm durchzublättern, statt sie sich seitenweise am Fax abzuholen.

Leider kommen zur täglichen E-Mail-Schwemme noch all die Faxe und die reguläre Post hinzu. Ganz zu schweigen von den Fachzeitschriften und Zeitungen. Wer soll das alles lesen, wer diese Informationsflut bewältigen?

So wird es besser

Der einzig hilfreiche Führer durch die tägliche Informationsflut ist eine Frage: Was ist wirklich wichtig? Viele E-Mails, die wir täglich erhalten, sind es nicht. Wenn Sie weniger Zeit in Ihrer Mail-Box verbringen möchten, müssen Sie Ihr Postfach von allem Unnötigen befreien. Das bedeutet auch, selbst weniger Nachrichten zu schreiben.

Konsequent aufräumen
Wer wieder Herr seines E-Mail-Accounts werden will, muss erst einmal Zeit investieren und für Ordnung sorgen.

Dazu gehört, unnötige Newsletter abzubestellen. Es ist eine Selbsttäuschung zu glauben, sie machten nicht viel Arbeit, da sie ja schnell zu löschen seien. Noch besser und weniger zeitaufwendig ist es, sie gar nicht erst löschen zu müssen.

Dann sind die eigenen E-Mails zu hinterfragen, da sie unweigerlich neue Nachrichten hinter sich herziehen werden: Ist es wirklich nötig, diese Nachricht zu schreiben? Wäre es nicht besser, die Angelegenheit persönlich zu klären? Oder muss es tatsächlich ein E-Mail-Pingpongspiel sein?

Das Dritte wäre, das E-Mail-Verhalten im Team zu analysieren: Manche Abteilungen neigen dazu, wahre E-Mail-Besprechungsrunden zu veranstalten. Da wird ein Vorschlag gleich an die gesamte Gruppe gemailt. Und alle schicken ihre Meinung dazu wieder an die große Runde. Auf diese Art sind bei jedem Einzelnen schnell zehn neue Nachrichten im Postfach, die alle gelesen (und kommentiert) werden wollen.

Solche E-Mail-Kettenbriefe sind vor allem: ineffizient. Sie halten alle Kollegen von ihren eigentlichen Tätigkeiten ab und führen häufig nicht einmal zu konkreten Ergebnissen. Besser wäre es, Vorschläge direkt miteinander bei einem Treffen zu besprechen. Und genau das sollten Sie anregen, wenn in Ihrem Team die Rundmails grassieren!

E-Mail-Zeiten einrichten
Haben Sie Ihr Postfach auf diese Art von unnötigen Nachrichten entmüllt, geht es im nächsten Schritt darum, vom Sklaven wieder zum Souverän Ihres Postfachs zu werden. Geben Sie ihm nicht die Macht, Ihren Tagesablauf zu bestimmen. Denn

das tun Sie, wenn Sie sich bei jeder neuen E-Mail benachrichtigen lassen und meinen, diese sofort lesen zu müssen. Drehen Sie stattdessen den Spieß um: Setzen Sie sich feste Zeiten, zu denen Sie in Ihren E-Mail-Account sehen, um die eingegangenen E-Mails zu bearbeiten. Es reicht, wenn Sie sich zwei Mal am Tag Ihren E-Mails widmen. Bei wirklich wichtigen Nachrichten sind Sie schließlich auf anderem Wege, persönlich oder telefonisch, erreichbar.

Ändern Sie Ihrem Rücken zuliebe während der E-Mail-Zeiten Ihre Sitzposition. Wenn Sie einen Laptop haben, bietet es sich an, im Stehen zu arbeiten.

Abwesenheitsnotizen verschicken
Um dem gefürchteten E-Mail-Stau nach Urlauben vorzubeugen, bietet es sich an, eine elektronische Abwesenheitsnotiz einzurichten. Am besten mit der klaren Ansage: »Ihre Nachricht wird nicht bearbeitet. Bitte wenden Sie sich in dringenden Fällen an meinen Kollegen xy. Mich selbst erreichen Sie wieder ab dem Soundsovielten.« Damit sind Sie aus der Pflicht, Ihre E-Mails nachträglich lesen zu müssen.

Wenn Sie bislang alle Mails, die während des Urlaubs eingingen, bearbeitet haben, empfiehlt es sich, Kollegen und wichtige Kunden vorzuwarnen. Geben Sie vor Ihrer Abreise kurz durch, wann Sie wieder per Mail und persönlich erreichbar sind. Sind Sie zurück, melden Sie sich vor allem bei den entscheidenden Kontakten. So geht kein Anliegen unter.

Post und Faxe reduzieren
Sind Sie erst einmal der E-Mail-Flut Herr geworden, ist viel Zeit gewonnen. Jetzt können Sie sich um unnötige Faxe und Post kümmern. Auch hier gilt: am besten abbestellen. Es lohnt sich, hin und wieder mit der Teamassistentin (oder als Teamassistentin gemeinsam mit dem Empfänger) durchzugehen, welche Faxe und Briefe wirklich nötig sind. Faxen Sie zurück oder rufen Sie kurz an mit der Information, dass Sie auf die Zusendungen künftig verzichten möchten.

Sollte nun immer noch nicht genug Zeit sein, um die interessanten Zeitungen und Zeitschriften zu lesen, die abonniert sind, wäre eine Möglichkeit, sie auf das Team zu verteilen, mit der Bitte, einander über Wichtiges gegenseitig zu informieren (aber nicht per E-Mail ...)

Link-Hinweis

www.baua.de

Die Bundesanstalt für Arbeitsschutz und Arbeitsmedizin informiert in der Broschüre »Technologien im Büro« über Chancen und Risiken im Umgang mit PC und E-Mail. Sie erreichen die kostenlosen Broschüren unter dem Menüpunkt »Publikationen«. Geben Sie »Technologien im Büro« in die Stichwortsuche ein.

Hierarchiestau
Bei uns gibt es lauter Arbeitsverteiler

Es ist so viel zu tun! Sie selbst wissen nicht, wo Ihnen der Kopf steht, und dann gibt es vom Kollegen oder Vorgesetzten nur Vorschläge und neue Anregungen, aber keine wirkliche Unterstützung. »Kann mir nicht mal lieber jemand etwas abnehmen?«, möchten Sie rufen. Denn Sie wissen: Wer da groß tönt, trägt in Wirklichkeit wenig zum konkreten Arbeitserfolg bei.

In jedem Unternehmen, jedem Team gibt es Positionen, deren Inhaber offenbar mehr für den Schein arbeiten. Statt konkrete Aufgaben zu übernehmen und sich an der Arbeitslast im Team zu beteiligen, schaffen sie nur neue Arbeit: etwa mit Ideen, die dann von anderen ausgearbeitet werden sollen, meist ad hoc und schnell, schnell. Dabei wissen die Leidtragenden im Voraus, dass ihre Arbeit wahrscheinlich umsonst sein wird, weil sich die Idee nicht verwirklichen lassen wird.

Dann gibt es die Kollegen, die schnell und groß die Klappe aufmachen, wenn es darum geht, in einer Besprechung vor dem Vorgesetzten zu glänzen. Geht es an die Ausführung ihres Vorschlags, sind sie dann mit einer Ausrede zur Hand: Sie selbst haben ja schon so viel zu tun. Jemand anders soll die neue Arbeit übernehmen.

Wie wehrt man sich nun sinnvoll dagegen, damit man nicht laufend die wenig zielführenden Vorschläge anderer umsetzen muss?

So wird es besser

Entscheidend im Umgang mit Kollegen, die lieber Arbeit verteilen als zu übernehmen, ist zweierlei. Erstens: Schein und Sein zu trennen, zu erkennen: Wer tut wirklich viel und wer tut nur so als ob. Und zweitens: sich selbst zu schützen und sich nicht von außen mit neuer Arbeit zuschütten zu lassen.

Am liebsten würden Sie sicher die großspurigen, aber taten-
losen Kollegen zu mehr konkreter Arbeit bewegen. Das wird
in der Regel ein Wunsch bleiben. Darum: Bleiben Sie lieber
auf dem Boden der Tatsachen und ändern das, was in Ihrer
Macht steht.

Sofort widersprechen
Seien Sie aufmerksam, wenn Sie in Besprechungen vor Ihrem
Vorgesetzten mit neuen Anregungen konfrontiert werden,
die Ihrer Meinung nach nicht zielführend sind und mög-
licherweise auch noch Ihr eigenes Aufgabengebiet betreffen.
Natürlich gibt es Vorschläge, die helfen oder voranbringen.
Bleiben Sie dafür offen.

Aber wehren Sie sich sofort, wenn Sie den Eindruck haben,
Ihnen soll Unsinniges aufgezwungen werden und jemand
will auf Ihre Kosten glänzen. Bleiben Sie dabei in Ihrer Re-
aktion freundlich, höflich und besonnen. Nennen Sie Ihre
Einwände, greifen Sie dabei auf Ihre Erfahrungen zurück, um
Ihren Standpunkt zu belegen.

Den Ball zurückspielen
Konfrontieren Sie den übereifrigen Kollegen mit einem Ge-
genvorschlag. Sie könnten ihn beispielsweise bitten, seine
Idee etwas auszuarbeiten und mit Recherche zu füttern und
dann später auf das Thema zurückzukommen. Das hat den
Vorteil, dass das Vorhaben so aller Wahrscheinlichkeit nach
im Sande verläuft. Ein echter Arbeitsverteiler wird sich diese
Arbeit nicht machen.

Den Spieß umdrehen
Machen Sie Vorschläge, die in den Arbeitsbereich Ihres vor-
schlagsfreudigen Kollegen gehören. Damit zeigen Sie ihm,
dass Sie Kontra geben können. Was in diesem Fall bedeutet:
gute Ideen – und die damit verbundene Arbeit – auszuteilen.
Machen Sie es dabei besser als der Kollege: Geben Sie nur
Anregungen, die wirklich voranbringen.

Verbündete gewinnen

Sie sind sicher nicht der Einzige im Team, der unter dem egozentrischen Aktionismus anderer leidet. Schließen Sie sich mit Ihren Leidensgenossen zusammen. Das heißt zum Beispiel, dass Sie einen Kollegen darin unterstützen, einen unsinnigen Vorschlag abzuwehren.

Aber Vorsicht: Sie sollen sich zwar nichts gefallen lassen, aber bleiben Sie rücksichtsvoll, überschreiten Sie nicht die Grenze zum Mobbing, indem Sie einen Kollegen ausgrenzen oder gemeinsam schlecht über ihn sprechen.

Abwarten

Manche Vorschläge werden nur um des Vorschlags willen gemacht. Nicht immer steckt dahinter ein Berg Arbeit, der Ihnen aufgebürdet werden soll. Bewahren Sie die Ruhe und lernen Sie, solche Tricks einzuordnen. Manche Idee kann man mit freundlichen Worten ins Leere laufen lassen. Eine unverbindliche Formulierung ist etwa: »Das ist ein interessanter Punkt, darüber sollten wir nach erfolgreichem Abschluss dieses Projekts noch einmal sprechen.«

Es kann durchaus von Vorteil sein, sich neuen Ideen gegenüber offen zu zeigen. Mit dieser Taktik haben sich schon viele den Ruf eines umgänglichen und engagierten Mitarbeiters und Kollegen erworben – und das nur dank einer positiven Reaktion und ohne wirklich etwas dafür zu tun.

Link-Hinweis

www.patrzek.de

Wenn man Ihnen immerzu Arbeit aufs Auge drückt, könnte es interessant sein, Ihre eigene Rolle im Team zu analysieren. Der Wirtschaftspsychologe Andreas Patrzek veröffentlicht auf seiner Webseite einen entsprechenden Fragebogen zum Selbsttest. Er ist unter dem Menüpunkt »Service« zu erreichen.

16 Monate lang begleiteten die beiden Wissenschaftler Anja Gerlmaier und Erich Latniak im Auftrag des Bundesforschungsministeriums Mitarbeiter bei der Projektarbeit in der Computerindustrie. Dabei stellten sie fest, dass bei allen Projekten permanenter Zeitdruck, widersprüchliche Anforderungen und überlange Arbeitszeiten herrschten. Häufig waren die Ressourcen an Zeit, Geld und Arbeitskräften zu knapp bemessen. Das Fazit der Forscher: Die Arbeitsbedingungen in IT-Projekten setzen die Mitarbeiter unter gehörigen Stress.

Dabei hat Projektarbeit unbestritten gute Seiten. Sie ermöglicht den Mitarbeitern eigenverantwortlicher und selbstbestimmter zu arbeiten, als wenn ihnen einzelne Aufgaben von oben zugewiesen werden. Doch wenn Projekte nicht gut geführt sind, überwiegen schnell die Belastungen.

So wird es besser

Läuft ein Projekt erst einmal chaotisch, ist es schwierig, den Karren in geordnete Bahnen zu ziehen. Wenn der Projektleiter daran scheitert, heißt das nicht, dass man sich als einfacher Mitarbeiter seinem Schicksal fügen muss. Jeder kann etwas dafür tun, dass die Situation erträglicher wird.

Sich abgrenzen
In einem Projektteam sollten die Funktionen klar verteilt sein. Ist das nicht der Fall, heißt es, die eigenen Aufgaben genau zu definieren: Welche Pflichten und Kompetenzen hat man selbst? Welche Termine muss man einhalten? So kann man zumindest seinen eigenen Beitrag zum Projekt ordentlich planen.

Nun kann es sein, dass bereits hier die ersten Schwierigkeiten auftauchen: Möglicherweise ist gar nicht so klar, was bis zu einem bestimmten Zeitpunkt erledigt sein muss. Das Naheliegendste wäre, beim Projektleiter nachzuhaken. Wenn Sie aber bereits aus Erfahrung wissen, dass seine Aussage keinen Bestand hat oder unbestimmt sein wird, sollten Sie den Rahmen einer Projektbesprechung wählen, um Klarheit zu schaffen und Ihre Aufgaben und Termine von denen der Kollegen abzugrenzen.

Transparenz schaffen
Wahrscheinlich ist nicht nur Ihnen unklar, welche Aufgaben und Kompetenzen Sie haben und wo die Grenzen liegen. Nutzen Sie also eine Besprechung, bei der alle beisammen sind, um die Zuständigkeiten herauszuarbeiten und Termine zu konkretisieren. Fragen Sie immer nach, sobald es schwammig wird: Bis wann muss dies und das fertig sein? Wer ist für xy zuständig? Fällt das noch in mein Aufgabengebiet?

Lassen Sie sich nicht in die Rolle der Nervensäge drängen. Wenn weder dem Projektleiter noch den Kollegen daran liegt, diese Fragen abschließend zu klären, beschränken Sie sich auf Ihr eigenes Aufgabengebiet.

Bestenfalls macht Ihr Beispiel Schule und auch Kollegen melden sich zu Wort, sobald Ungereimtheiten auftauchen.

Miteinander reden
In einem Team sollte allen Beteiligten klar sein, dass sie zusammen an einer Sache arbeiten und diese nur bewältigen können, wenn sie sich gegenseitig unterstützen. Doch das gemeinsame Arbeiten stellt sich mitunter als äußerst schwierig heraus – Kompetenzrangeleien, gegenseitiges Unverständnis, verletzte Eitelkeiten (um nur eine kleine Auswahl zu nennen) können den Projekterfolg massiv beeinflussen. Schnell werden aus kleinen Abstimmungsschwierigkeiten echte Konflikte. Das beste Mittel dagegen ist, Probleme sofort zu kommunizieren und so aus dem Weg zu schaffen.

Hängt man beispielsweise selbst mit der Arbeit, weil ein

Kollege nicht pünktlich zuliefert, gehört das und die damit verbundenen Konsequenzen offen auf den Tisch: »Wenn ich xy bis da und dahin nicht bekomme, kann ich Termin z nicht einhalten.«

Wichtig dabei ist, dem Kollegen nicht das Gefühl zu vermitteln, dass er einem Angriff ausgesetzt ist. Achten Sie darauf, dass Sie keinen Vorwurf formulieren, sondern Ihre Position eher mit der Frage verbinden, ob der Kollege Unterstützung braucht – wer weiß, warum er so spät dran ist und von welchen Faktoren wiederum sein Arbeitsergebnis abhängt.

Versuchen Sie gemeinsam eine Lösung zu finden. Auch wenn es manchmal schwerfällt: Lassen Sie sich nicht aus Stress zu einem Streit hinreißen. Das belastet das Arbeitsverhältnis unnötig, sorgt für noch mehr Stress und geht damit auch auf Kosten des Projekts.

Termin-GAU abwenden

Ganz wichtig ist es, rechtzeitig Alarm zu schlagen, wenn Termine unrealistisch erscheinen, etwa weil ständig neue Anforderungen hinzukommen. Im Idealfall wird der Projektleiter Abhilfe schaffen oder das Team sucht gemeinsam nach Lösungen: Kann man beispielsweise einen zusätzlichen Mitarbeiter, und sei es eine Aushilfe, beschäftigen? Kann ein Termin verschoben werden? Kann man Aufgaben auslagern? Wie kann dem Kunden kommuniziert werden, dass neue Anforderungen das Projekt verzögern werden?

Leider kann es passieren, dass der Projektleiter Warnungen nicht hören will und nicht bereit ist, Konsequenzen zu ziehen. Lassen Sie sich davon nicht frustrieren. Sie haben Ihr Bestes versucht, die Verantwortung liegt – in diesem Fall: zum Glück – nicht bei Ihnen.

Möglicherweise reagiert der Projektleiter auch sehr unwirsch auf Hinweise, dass Termine nicht eingehalten werden können. Dennoch müssen Sie ihn darauf aufmerksam machen, vor allem wenn es Ihr eigenes Aufgabengebiet betrifft. Es hilft nichts, ansonsten verschieben Sie nur den Ärger. Die

Alternative wäre, am Projektende für die anderen unerwartet nicht fertig zu sein.

Übergreifende Aufgaben übernehmen
Schlimmer als ein überforderter Projektleiter ist für ein Team ein autoritärer Projektleiter, der alles besser weiß und nur auf Druck setzt. Vielleicht haben Sie Glück und einen Verantwortlichen, der mit sich reden lässt. Möglicherweise ist er sogar froh um Unterstützung. Bieten Sie etwa an, regelmäßig den Projektstand bei allen Beteiligten zu erfassen und zu kommunizieren. Ein passender Anlass dafür wäre zum Beispiel eine Besprechung, bei der plötzlich Engpässe bekannt werden. Achten Sie aber darauf, dass Ihr Angebot nicht so wirkt, als wollten Sie sich in den Vordergrund drängen, und dass es den Projektleiter nicht in einem schlechten Licht erscheinen lässt nach dem Motto »Der kann es nicht«.

Diese neue Aufgabe, die Sie sich so selbst zuschustern, gehört dann zwar nicht zu Ihrem eigentlichen Aufgabengebiet, aber es bringt das gemeinsame Projekt voran – und Sie selbst qualifizieren sich für zukünftige weitere Aufgaben.

Wichtig ist, alles zu versuchen, was in den eigenen Möglichkeiten steht, um die Arbeit möglichst gut abzuschließen. Es bringt überhaupt nichts, sich schmollend in eine Ecke zurückzuziehen und mit dem Finger auf die Fehler der Kollegen und Vorgesetzten zu zeigen und auf das, was alles nicht funktioniert. Stattdessen gilt es, sich einzubringen und das Beste aus der Situation zu machen und: für das nächste Projekt zu lernen.

Link-Hinweis

www.projektmagazin.de
    Dieses Onlinemagazin gibt Tipps und Arbeitshilfen für Projektmanager.

Sitzungswahn
Ich bewege mich von einem Meeting zum nächsten

Meetings gehören zum Arbeitsalltag wie der tägliche Kantinengang. Man trifft sich zum Jour fixe und zu Abteilungsmeetings, zu Spontankonferenzen und Projektbesprechungen. Diese Veranstaltungen finden mit einer Häufigkeit statt, dass mancher Teilnehmer den Eindruck hat, vor lauter Meetingzwang kaum mehr zum Arbeiten zu kommen. Was wirklich zu tun ist, wird zwischen zwei Besprechungen gequetscht oder am Abend nach einem langen Sitzungstag erledigt. Manche steigern dies noch: Bei ihnen scheint das Meetingdasein ihr einziges Aufgabengebiet zu sein.

Dabei strotzt diese Meetingkultur vor Ineffizienz. Wenn all die Treffen wenigstens etwas bringen würden. Stattdessen rauben viele Meetings nur Zeit, die für Wesentliches fehlt, und führen oft dazu, dass Entscheidungen unnötig verschleppt werden.

Häufig erscheinen die Teilnehmer schlecht vorbereitet und es wird viel geredet, aber wenig beschlossen. Entweder fehlt der wichtigste Teilnehmer oder die Runde verfällt in Basisdemokratie und kommt zu keinem Entschluss, den alle tragen können. Bei vielen Teilnehmern ist es leicht, sich aus der Verantwortung zu ziehen. Schlimmstenfalls wird die Entscheidung vertagt – bis zum nächsten Meeting.

So wird es besser

Wenn Sie sich an der Meetingkultur stören, hilft nur eines: Machen Sie nicht länger mit. Es gibt Möglichkeiten, sich dem Sitzungswahn und dem damit verbundenen unnötigen Zeitverlust zu entziehen. Verringern Sie die Anzahl der Besprechungen und haben Sie den Mut, in den Ablauf der Sitzungen einzugreifen.

Besprechungen hinterfragen

Reduzieren Sie den Meetingaufwand auf das Nötigste. Das ist zu Beginn ein Kraftakt. Wer auf eine Besprechungseinladung plötzlich mit einem brüsken Nein reagiert, wird sich erstaunte bis ärgerliche Nachfragen einhandeln. Also heißt es, die Botschaft so zu vermitteln, dass sie nicht als Affront empfunden wird und nachvollziehbar ist.

Vor jedem neu anberaumten Meeting sollten Sie sich zwei Fragen stellen: Ist meine persönliche Anwesenheit wirklich erforderlich? Und: Lassen sich die zu klärenden Punkte auch auf anderem Weg besprechen?

Wer die erste Frage für sich mit Nein beantworten kann, muss seine Entscheidung nachvollziehbar kommunizieren. Zum Beispiel so: »Beim nächsten Meeting zum Thema xy wird mein Kollege für unsere Abteilung erscheinen, da dies sein Spezialgebiet ist.« Statt zu zweit oder in einer noch größeren Gruppe aufzutauchen, reicht es dann, wenn nur einer kommt. Natürlich müssen Sie sich vorher mit Ihren Kollegen darüber austauschen. Ideal, wenn Sie sich künftig häufiger abwechseln können.

Stellen Sie hingegen fest, dass eine Besprechung eigentlich gar nicht nötig ist, ergreifen Sie die Initiative und machen Sie einen Gegenvorschlag. Die Chancen, dass Ihre Gesprächspartner offen reagieren, stehen gut. Sie sind wahrscheinlich ebenfalls froh, einen Termin aus ihrem Kalender streichen zu können. Der Gegenvorschlag könnte zum Beispiel darin bestehen, dass man Fragen telefonisch klärt, mit einem Mittagessen verbindet oder zunächst jeder für sich noch einige weitere Schritte vorbereitet, bevor man sich trifft. Damit der Einladende sein Gesicht wahren kann (wer will schon als Aktionist dastehen, der unnötige Besprechungen anberaumt?), gehen Sie am besten erst auf ihn zu, bevor Sie sich an die gesamte Runde wenden. Das ermöglicht ihm, selbst die Änderung zu kommunizieren.

Arbeitszeiten reservieren

Das haben Sie alles schon gemacht, und noch immer sind es zu viele Meetings? Dann hilft nur eines: freie Zeit blocken, während der man zum Arbeiten kommt. Meetings können den ganzen Tag zerreißen, wenn das eine von 9 bis 10.30 Uhr, das nächste von 11 bis 13 Uhr geht. Die kurzen Zeiten dazwischen lassen sich kaum zum sinnvollen Arbeiten nutzen. Zwei, drei Stunden am Stück, zum Beispiel gleich morgens oder auch nachmittags, sollten Sie sich für Ihre eigene Arbeit reservieren. Für Meetings ist davor und danach genügend Zeit. Bei der nächsten Anfrage haben Sie dann eben zu diesen Zeiten leider keine Möglichkeit, an der Besprechung teilzunehmen. Ihr Verhalten wird mit Sicherheit schnell Nachahmer finden. Wenn Ihre Meetings vor allem innerhalb des Teams stattfinden, schlagen Sie vor, daraus eine Regel für alle zu machen: Meetings gibt es erst ab 10 Uhr.

Meetings mitgestalten

Sie haben gar nicht so viele Meetings, stören sich aber am Ablauf der Sitzungen? In diesem Fall dürfen Sie Ihren Einfluss nutzen, um das Meeting mitzugestalten. Diese Macht hat jeder Teilnehmer. Häufig ziehen sich Meetings unnötig in die Länge, weil viele Anwesende Beiträge liefern, die zum eigentlichen Thema nichts beitragen. Hier braucht es jemanden, der eingreift. Wenn dies nicht der Meetingleiter übernimmt, sind Sie frei, höflich mit der Anmerkung einzusetzen: »Ich glaube, das führt etwas vom Thema weg, wir sollten wieder zu xy zurückkommen.«

Manche Meetings wirken sinnlos, weil zwar viel geredet wird, am Ende aber keine konkreten Ergebnisse stehen. Eigentlich sollte es Aufgabe des Meetingleiters sein, zu resümieren, welche Konsequenzen sich aus dem Besprochenen ergeben. Fehlt dieser Abschluss, ist auf jeden Fall die Frage erlaubt: »Wie wollten wir noch einmal im Fall xy verbleiben?« Oder auch: »Wer wollte sich jetzt um xy kümmern?«

Die eigene Position verbessern

Daran liegt es gar nicht, sondern Sie sind mit Ihrer eigenen Rolle im Meeting unzufrieden? Vielleicht können Sie sich nicht genügend einbringen? Das wäre nicht schlimm, denn das lässt sich von Meeting zu Meeting üben. Nehmen Sie sich im Vorhinein vor, zu einem bestimmten Thema einen Beitrag zu liefern. Um an die Reihe zu kommen, stellen Sie Blickkontakt mit dem Meetingleiter her. Sie können ihm auch ein Handzeichen geben, dass Sie etwas sagen möchten. Falls Sie nicht sofort zu Wort kommen, und ein anderer Teilnehmer dem Gespräch schon eine andere Wendung gegeben hat, müssen Sie deshalb nicht verstummen. Wenn Ihnen Ihr Beitrag zum vorherigen Thema wichtig ist, beginnen Sie einfach mit den Worten »Ich möchte noch einmal auf xy zurückkommen«.

Oder sind eher andere Meetingteilnehmer das Problem? Möglicherweise haben Sie den Eindruck, dass Ihre Vorschläge immer wieder von derselben Person abgeschmettert werden. In diesem Fall ist es ratsam, auch außerhalb des Meetings über die Beziehung zwischen Ihnen beiden nachzudenken. Wenn es Ihnen möglich ist, versuchen Sie einen Draht zu diesem Menschen herzustellen. Waren Sie zum Beispiel schon einmal gemeinsam Kaffee trinken oder mittagessen? Manchmal hilft es, den Kollegen im Meeting bei einem Anliegen zu unterstützen. Viele merken sich das und revanchieren sich nächstes Mal auf dieselbe Art.

Link-Hinweis

www.arbeitsratgeber.com

Der Arbeitsratgeber hat Tipps für Meetingleiter, die auch für Teilnehmer interessant sind. Es gibt Checklisten und Protokollvorlagen, außerdem Linkempfehlungen und Verweise auf weitere Webseiten zum Thema. Geben Sie den Begriff »Meeting« in die Stichwortsuche ein.

Arbeitszeit

Überstunden
Bei uns geht keiner vor 20 Uhr heim

Eine Milliarde Überstunden haben die Arbeitnehmer 2009 in Deutschland geleistet. Aufgrund der Wirtschaftskrise ist die Zahl zurückgegangen, aber der Umfang ist noch immer beachtlich. Und das ist nur die bezahlte Mehrarbeit. Unternehmen setzen selbstverständlich auf die Bereitschaft ihrer Mitarbeiter, mehr Zeit in der Arbeit zu verbringen als vertraglich festgelegt, und planen diese geradezu ein.

Häufig werden in Arbeitsverträgen gar keine Arbeitszeiten mehr festgehalten. Stattdessen heißt es etwa: »Die Arbeitszeit richtet sich nach den betrieblichen Erfordernissen.« In anderen Verträgen wiederum steht: »Überstunden sind mit dem Gehalt abgegolten.«

Oder es gibt Zeitkonten. Ist viel zu tun, sollen die Beschäftigten länger arbeiten, in ruhigen Zeiten sollen sie Überstunden wieder abbauen. So ist die Theorie. In Wirklichkeit verfallen viele Überstunden. Die Mitarbeiter kommen gar nicht dazu, sie abzufeiern.

Ständige Überstunden und Wochenendarbeit sind so zum Massenphänomen geworden. Wer mal mehr arbeitet und das durch Freizeit und ruhigere Arbeitsphasen ausgleichen kann, wird sich darüber kaum beschweren. Problematisch wird es, wenn aus der Mehrarbeit ein Dauerzustand wird, wenn das Arbeitsvolumen gar nicht mehr zu schaffen ist.

Arbeiten alle im Team überdurchschnittlich lange, scheint es unmöglich, als Einzelner die Arbeitszeit herunterzufahren. Der soziale Druck, mitzuhalten, ist enorm. Wie kann man die Notbremse ziehen? Wo ist bei solch hohen Anforderungen der Ausweg, der nicht auf Kosten der Karriere geht?

So wird es besser

Die Lösung für das Überstundenproblem scheint so einfach. Arbeiten Sie doch weniger! Bei diesem Ratschlag würden viele Betroffene höchstens ärgerlich mit den Schultern zucken. Wie sollen sie das denn machen, wenn so viel zu tun ist und alle anderen auch Überstunden ohne Ende schieben? Doch genau darum geht es, wenn man einen Ausweg finden will: Nicht länger so weiterzumachen, nur weil alle anderen es tun. Dafür braucht es Kraft und manchmal gute Nerven.

Sich zur Wehr setzen
Wo Überstunden zur Unternehmenskultur gehören, ist es schwierig, späten Terminen aus dem Weg zu gehen. Immerhin kann man darauf achten, nicht selbst in die betriebliche Übung zu verfallen und zu spätabendlichen Meetings einzuladen.

Ein Gespräch mit Kollegen kann sich lohnen: Stört es auch andere, dass sie abends oft vom Unternehmen verpflichtet werden? Ein gemeinsamer Vorstoß mit konkretem Alternativvorschlag, sobald ein Termin wieder ganz selbstverständlich für den frühen Abend festgelegt wird, wirkt stärker als ein einzelner Widerspruch.

Sich souverän zeigen
Was Sie sich auf jeden Fall immer wieder sagen müssen: Es stimmt einfach nicht, dass jeder lange bleiben muss, weil alle lange arbeiten. Die wichtigste Regel dabei ist: Man muss es sich leisten können, Nein zu sagen. Wer gut und effizient arbeitet, vergibt sich nichts, wenn er einmal pünktlich geht – auch wenn die Kollegen noch vorm Computer sitzen (wer weiß, was sie da gerade tun?).

Kommen dumme Sprüche wie »Du gehst schon?« oder »Arbeitest du heute nur halbtags?«, kontern Sie direkt. Überlegen Sie sich schlagfertige Antworten, die Sie dann parat haben. Zum Beispiel: »Ich habe heute für zwei gearbeitet«

oder »Ich muss heute nicht nachsitzen« oder »Ich komme selbstverständlich heute Nacht wieder herein«. Vergessen Sie dabei nicht: Wenn Sie Ihre Arbeit gut gemacht haben, besteht keinerlei Grund für Sie, sich zu rechtfertigen, wenn Sie pünktlich gehen.

Punkten lässt sich auch mit einem frühen Start. Wer Tag für Tag schon fleißig war, bevor die Kollegen morgens eintrudeln, erntet Erstaunen wie Respekt (»Wann kommst du denn?«) und hat immer ein Argument, warum er abends auch mal früher gehen kann.

Weniger perfektionistisch sein

Wer einen hohen Anspruch an sich hat, erarbeitet sich schnell den Respekt von Kollegen und Vorgesetzten. Alle Aufgaben sind bis ins Detail vorbildlich erledigt. Das kostet Zeit. Betrachten Sie hin und wieder Ihre Aufgaben mit etwas Abstand: Ist Ihr Perfektionismus überall gerechtfertigt? Würde es manchmal auch reichen, etwas weniger Arbeit zu investieren, ohne deswegen gleich schlechte Ergebnisse abliefern zu müssen?

Sich besser organisieren

Effizienz ist das beste Mittel gegen Überstunden. Dazu gehört: unliebsamen Störern aus dem Weg zu gehen, das Nein-Sagen zu lernen und den Meetingaufwand zu reduzieren.

Wie Sie all das schaffen, lesen Sie im Kapitel zur Arbeitsorganisation.

Unbedingt Pausen machen

Wer zu viel zu tun hat, neigt dazu, sich die Pause zu sparen. Doch das ist falsch. Der Mensch ist nicht acht oder gar mehr Stunden durchgehend im Leistungshoch. Er braucht zwischendurch Pausen, um sich zu erholen und später wieder auf vollen Touren laufen zu können. Wer das ignoriert, erreicht genau das Gegenteil dessen, was er anstrebt: Er schlafft ab, arbeitet schlechter und braucht damit länger als nötig. Sich keine Zeit zum Pausenmachen zu nehmen ist also gleichbedeutend mit: mehr Zeit zu brauchen.

Weil es schlicht ungesund ist, in der Arbeit durchzumachen, sind Pausen arbeitsrechtlich vorgeschrieben. Laut Arbeitszeitgesetz steht allen, die mehr als sechs Stunden am Stück arbeiten, eine Ruhepause von 30 Minuten zu, ab neun Stunden Arbeit sind es schon 45 Minuten – die auch auf zwei Pausen aufgeteilt werden können. Dazu kommen mehrere Pausen zwischendurch für Bildschirmarbeiter.

Nicht aufs Essen verzichten
Sparen Sie sich nicht die Mittagspause. Ein Brötchen vorm Computer zu verschlingen und dabei die Tastatur vollzukrümeln ist zwar keine richtige Pause, aber arbeiten kann man das auch nicht nennen. Essen lenkt ab. Darum erstellen die meisten währenddessen auch keinen komplizierten Budgetplan, sondern surfen lieber im Internet. Unterm Strich verlieren sie mit dem Gang zum Bäcker und der Bröselei bestimmt 15 Minuten. Dazu kommt noch die unnötig längere Bearbeitungszeit ihrer Aufgabe, weil sie nicht wirklich ausgeruht und fit sind. Die Ausrede, keine Zeit zum Essen zu haben, gilt also nicht. Dann lieber gleich eine richtige Mittagspause. Die hat nun mal den Vorteil, dass man leistungsfähiger an seinen Schreibtisch zurückkehrt als man ihn zuvor verlassen hat.

Wenn Ihnen die Kantine nicht liegt, gehen Sie nach draußen – in ein Café oder Restaurant. In der warmen Jahreszeit besorgen Sie sich etwas beim Bäcker oder Metzger um die Ecke und lassen sich an einem netten Platz nieder, um Abstand von der Arbeit zu bekommen. Sollte es in der Nähe Ihres Arbeitgebers weder Lebensmittelgeschäfte noch Bäckereien geben, die Passendes für die Mittagszeit verkaufen, erinnern Sie sich an Ihre Schulzeit: Bringen Sie sich ein Pausenbrot mit. Dafür gibt es sogar Rezeptempfehlungen vom Bundesverbraucherministerium *(siehe Link S. 43)*.

Statt Currywurst und Pommes, die immer noch zu den beliebtesten Kantinengerichten zählen, ist es besser, Salat, Obst und Gemüse zu essen und dazu kalorienarme Durstlöscher wie Saftschorlen zu trinken. Wer meint, richtig viel auf einmal essen zu müssen, damit es auch lang anhält, liegt falsch: Besser ist es, mehrmals wenig zu essen, als eine Riesenportion auf einmal zu vertilgen.

Das Beste danach wäre: ein paar Schritte zu gehen. Das gilt auch für die Kantinenbesucher. Wer direkt mit vollem Magen wieder an den Schreibtisch zurückkehrt, mag ein paar Minuten einsparen. Energiegeladener ist derjenige, der zuvor einmal um den Block gegangen ist.

Gelegenheiten zum Durchschnaufen nutzen
Die kleinen Pausen zwischendurch werden zu Unrecht unterschätzt. Die Erholung ist am Anfang einer Pause sogar am größten. Wer mehrere kurze Pausen macht, erholt sich deswegen sogar mehr als bei einer einmaligen langen Auszeit. Am besten lebt und arbeitet, wer alle zwei Stunden fünf bis zehn Minuten aussetzt. Für die Mahlzeit zwischendurch bieten sich Obst, Joghurt oder Studentenfutter an.

Aber es geht beim richtigen Pausenmachen nicht nur um die Nahrungsaufnahme. Wichtig ist es auch, sich zwischendurch zu bewegen. Stehen Sie auf, laufen Sie ein paar Treppen rauf und runter.

Das gilt vor allem für Bildschirmarbeiter. Sie brauchen Ausgleich zum starren Sitzen vor dem Computer. Ansonsten drohen Rücken- und Kopfschmerzen und am Ende gar ein Haltungsschaden. Am besten ist es, zwischendurch etwas Bürogymnastik zu machen *(siehe Link S. 42)*.

Lesen Sie dazu bitte auch das Kapitel »Work-Life-Balance«.

Gesellige Menschen machen es richtig, sie suchen den Kontakt zu Kollegen. Auch das kommt der Arbeit zugute. Wie Wissenschaftler herausgefunden haben, sind Mitarbeiter, die häufig miteinander sprechen, produktiver als schweigsame Einzeltäter.

Dranbleiben

Das geht alles nicht von heute auf morgen. Souverän über die eigene Arbeitszeit zu verfügen, ist ein Prozess, bei dem man viel über seine eigene Arbeit und das Verhalten von Chef und Kollegen lernen kann.

Je mehr Beschäftigte es schaffen, sich – wenn auch in kleinen Schritten – gegen den Überstundenzwang zu behaupten, desto größer sind die Chancen, dass sich tatsächlich etwas ändert. Schließlich muss auch bei den Unternehmen ein Umdenken stattfinden. Die Arbeitgeber tun sich mit der kurzfristigen Personalpolitik, mit Druck möglichst viel Einsatz und Arbeitszeit von dem einzelnen Mitarbeiter herauszupressen, nichts Gutes. Langfristig verbrennen sie so ihr wichtigstes Kapital.

Auf die Einsicht seines Arbeitgebers sollte kein überforderter Mitarbeiter warten. Tun Sie also selbst etwas gegen den Überstundenwahn und beginnen Sie damit am besten sofort.

Link-Hinweise

www.barmer.de / www.tk-online.de

Die Krankenkassen informieren kostenfrei über gesundes Essen im Job, zum Beispiel die Barmer auf ihren Internetseiten unter der Rubrik »Fit durch Ernährung« / »Gesunde Mittagspause« oder die Techniker Krankenkasse in ihrer kostenlosen pdf-Broschüre »Ernährung«.

www.buero-forum.de

Einige Übungen, die sich gut in den Büroalltag integrieren lassen – unter anderem für Nacken, Rücken und Schultern –, bietet der Verband für Büro-, Sitz- und Objektmöbel. Sie erreichen sie unter dem Menüpunkt »Nutzer-Tipps«, »Bürogymnastik«.

www.gesetze-im-internet.de/arbzg/

Das Bundesjustizministerium veröffentlicht das Arbeitszeitgesetz im Internet.

www.jobundfit.de

Diese Webseite des Bundesverbraucherministeriums ist gut für Pausenmuffel. Dort gibt es Anregungen zur gesunden Ernährung für Berufstätige.

www.verdi-bub.de

Die Gewerkschaft ver.di informiert über die rechtlichen Aspekte von Überstunden. Gehen Sie auf den Menüpunkt »PraxisTipps«, dann auf »Archiv« und dann auf »Überstunden«.

Wer Teilzeit arbeiten möchte, hat das Recht auf seiner Seite. Es gibt einen Anspruch auf Teilzeitarbeit, wenn der Arbeitgeber mehr als 15 Mitarbeiter hat. Er darf den Wunsch eines Beschäftigten, seine Arbeitszeit zu reduzieren, nur dann ablehnen, wenn betriebliche Gründe dagegensprechen, etwa wenn dadurch zu hohe Kosten anfallen würden. Auch vor Diskriminierung sind Teilzeitmitarbeiter gesetzlich geschützt. Sie dürfen weder beim Gehalt noch bei Aufstiegsmöglichkeiten benachteiligt werden.

So weit die Theorie. In der Praxis haben viele Teilzeitbeschäftigte den Eindruck, dass sie im Vergleich mit den vollzeitangestellten Kollegen den Kürzeren ziehen. Obwohl sie sich mit vollem Engagement einbringen, wird ihr Einsatz nicht entsprechend honoriert.

So droht ihnen beispielsweise immer, etwas zu verpassen, weil wichtige Besprechungen just auf Zeiten gelegt werden, zu denen sie nicht da sind. Das kann mitunter zu peinlichen Situationen führen, weil sie ahnungslos etwas nachfragen, was im Team während ihrer Abwesenheit bereits ausführlich besprochen wurde. Dann ist der stille Vorwurf zu spüren: »Warum weißt du das denn nicht? Warst du da schon wieder nicht da?«

Nehmen Teilzeitarbeiter Urlaub oder sind sie krank, verschlimmert sich diese Haltung der Kollegen noch. »Die oder der hat es gut«, scheint die vorherrschende Meinung zu sein. Dabei steht selbstverständlich auch einer Halbtagskraft Erholung zu.

Das größte Vorurteil, mit dem Teilzeitarbeiter konfrontiert sind, lautet, dass sie nicht engagiert genug sind und nicht genug leisten. Das ist Unsinn. Nur wegen einer reduzierten Arbeitszeit wird man nicht zum schlechteren Mitarbeiter. Häufig ist sogar das Gegenteil der Fall: Weil von ihnen dasselbe erwartet wird wie von ihren vollzeitangestellten Kollegen, machen sie Überstunden und nehmen sich sogar Arbeit mit nach Hause.

Hart auf hart kommt es, wenn es um mögliche Beförderungen geht. Als Teilzeitkraft sind die Chancen groß, übergangen zu werden. Dass sich Führungskräfte einen Job teilen, ist bislang noch die Ausnahme. Nach einer Auswertung des Deutschen Instituts für Wirtschaftsforschung arbeiten nur zwei Prozent der männlichen Chefs Teilzeit, bei weiblichen Führungskräften sind es immerhin 25 Prozent.

So wird es besser

Der Neid der Kollegen und die Klischees, mit denen Teilzeitarbeiter konfrontiert sind, sind unfair, ganz klar. Wen das stört oder wer gar berufliche Nachteile deswegen spürt, muss sich wehren. Und das heißt in diesem Fall: hartnäckig Überzeugungsarbeit leisten. Zeigen Sie Kollegen und Vorgesetzten, dass Sie ein vollwertiges Teammitglied sind. Tappen Sie aber nicht in die Falle, sich ausnutzen zu lassen und für ein Teilzeitgehalt die Arbeitsmenge eines Vollzeitbeschäftigten zu erledigen.

Informationen einholen
Wer Teilzeit arbeitet, hat verglichen mit den Vollzeitkollegen ein Informationsdefizit. Wer nicht da ist, bekommt nicht mit, was währenddessen in der Arbeit passiert. Es gibt Meetings und informelle Absprachen, Anfragen und Anrufe werden umgeleitet.

Auch wenn Sie in der Regel davon ausgehen können, dass Ihnen die Kollegen Wichtiges schon mitteilen werden – alles werden Sie nie erfahren. Am besten, Sie finden sich damit ab. Manches halten die Kollegen für nicht wert zu berichten, anderes haben sie schnell wieder vergessen – es wird von Neuem überlagert, bevor sie dazu kommen, es zu erzählen.

Da steckt keine Absicht dahinter und daher wäre ein Vorwurf fehl am Platz.

Sehen Sie es als Ihre Holschuld an, Verpasstes mitzubekommen. Das liegt in Ihrem eigenen Interesse. Und nehmen Sie es Ihren Kollegen nicht übel, wenn sie Ihnen einmal etwas nicht sofort mitteilen: Sie sind meist mit ihren eigenen Dingen beschäftigt und haben den Kopf bereits wieder ganz woanders. Übertreiben Sie mit Ihren Rückfragen nicht, sonst werden die Kollegen früher oder später genervt reagieren: Konzentrieren Sie sich auf die wichtigen Dinge.

Sorgen Sie für gute Übergaben mit Ihrem direkten Kollegen, falls Sie sich gemeinsam eine Aufgabe teilen. Fragen Sie regelmäßig einen Kollegen Ihres Vertrauens, ob während Ihrer Abwesenheit, möglicherweise während einer Besprechung, Relevantes vorgefallen ist. Sorgen Sie dafür, dass Sie immer im E-Mail-Verteiler stehen, auch zu den Zeiten, zu denen Sie nicht im Job sind. So können Sie notfalls nachlesen, was kommuniziert wurde.

Auf sich aufmerksam machen

Besteht das Team aus Voll- und Teilzeitbeschäftigten, dann wird beim Festlegen von Terminen oft vergessen, wann die Teilzeitarbeiter anwesend sind. Auch hier steckt eher Gedankenlosigkeit als böser Wille dahinter. Manchmal lässt es sich auch nicht vermeiden, einen Zeitpunkt zu wählen, bei dem der ein oder andere nicht da ist. Wenn Besprechungen zu Terminen anberaumt werden, zu denen Sie nicht da sind, wehren Sie sich, wenn diese für Ihre Arbeit wichtig sind. Das gilt vor allem für regelmäßige Treffen. Schlagen Sie in diesem Fall Alternativen vor. Sie können zuvor bei Kollegen Ausweichtermine erfragen, so erleichtern Sie der Assistenz bzw. demjenigen, der den Termin koordiniert, die Suche nach einem neuen Zeitfenster.

Wenn es sich nicht verhindern lässt und eine wichtige Besprechung ohne Sie stattfindet, bitten Sie vorab einen Kollegen, mit dem Sie sich gut verstehen, Ihnen danach das

Entscheidende zu berichten. Sie können auch einen Beitrag vorbereiten. Ist beispielsweise im Vorfeld klar, dass es um neue Ideen zu einem bestimmten Thema geht, können Sie Ihre Gedanken schriftlich festhalten und dem Vorgesetzten bereits vor der Besprechung überreichen.

Damit zeigen Sie dem Chef, dass Sie sich über Ihre vertraglich festgelegte Arbeitszeit hinaus mit Ihrem Job identifizieren und sich Gedanken machen. Als Teilzeitangestellter bleibt Ihnen nun einmal weniger Zeit als Ihren Kollegen, den Chef von sich zu überzeugen.

Sich ins Gespräch bringen

Wenn es um Beförderungen geht, sitzen die Vorurteile gegen Teilzeitmitarbeiter tief. Selbst wenn der Chef mit einem zufrieden ist, einen Teilzeitvorgesetzten kann er sich wahrscheinlich nicht vorstellen. Er hat schon seine Schwierigkeiten, wenn die Absprache mit den Teilzeitmitarbeitern nicht richtig klappt.

Die besten Voraussetzungen bringt mit, wer bereits als »einfacher« Mitarbeiter bewiesen hat, dass sich die Arbeit auch in Teilzeit organisieren lässt und gut ins Team passt.

Überlegen Sie genau, wie Sie als Teilzeitmitarbeiter eine verantwortungsvollere Position ausfüllen könnten: Was ist beispielsweise, wenn dringende Fragen zu einem Zeitpunkt auftauchen, an dem Sie nicht da sind? Oder was ist, wenn die Arbeitslast in Teilzeit nicht zu bewältigen ist? In diesem Fall müssen Sie sich entscheiden, ob Ihnen ein Aufstieg auch eine längere Arbeitszeit wert ist.

Sollten Sie aber zu dem Ergebnis kommen, dass sich mehr Verantwortung auch in Teilzeit realisieren lässt, sprechen Sie mit Ihrem Vorgesetzten unter vier Augen darüber und achten Sie darauf, dass Ihre Argumentation nachvollziehbar ist. Vielleicht gelingt es Ihnen, ihn zu überzeugen. Falls nicht, haben Sie es wenigstens versucht und bereits Ihre Duftmarke für die nächste Beförderungsmöglichkeit gesetzt.

Sich nichts bieten lassen

Dumme Sprüche, weil Sie als Teilzeitkraft weniger arbeiten, brauchen Sie nicht auf sich sitzen zu lassen. Schließlich steht es jedem frei, es Ihnen gleichzutun und damit auch auf Gehalt zu verzichten. Kontern Sie selbstbewusst, wenn dumme Bemerkungen kommen wie »Gehst du schon?« oder »Was, jetzt willst du auch noch in Urlaub fahren? Du bist doch sowieso nie da«. Überlegen Sie sich ein paar schlagfertige Antworten. Wie wäre es mit: »Warum arbeitest du nicht selbst Teilzeit, wenn du so unzufrieden bist?« oder einfach »Dich werde ich ganz besonders vermissen«.

Sich nicht ausnutzen lassen

Als Teilzeitmitarbeiter müssen Sie besonders darauf achten, sich nicht zu viel Arbeit aufhalsen zu lassen. Sie werden nur für einen Teil der Arbeitszeit bezahlt. Niemand kann ernsthaft von Ihnen erwarten, »umsonst« so viel wie ein Vollzeitkollege zu arbeiten.

Lesen Sie bitte im Kapitel »Arbeitsorganisation«, wie Sie sich erfolgreich gegen überzogene Erwartungen zur Wehr setzen.

Link-Hinweise

www.bmas.de/portal/14648

Das Bundesarbeitsministerium informiert über Modelle der Teilzeitbeschäftigung und erklärt, wie man einen Teilzeitwunsch am besten umsetzt.

www.gesetze-im-internet.de/tzbfg/

Das Gesetz über Teilzeitarbeit und befristete Arbeitsverträge können Sie auf der Webseite des Bundesjustizministeriums nachlesen.

Dienstreisen
Ich bin ständig unterwegs

Intensive Arbeitsphasen zu haben, viel unterwegs zu sein, gehört in vielen Branchen, Berufen und Positionen dazu. Das hat seine Vorteile: Der Arbeitsalltag ist spannend und abwechslungsreich, man lernt neue Menschen kennen.

Doch wer laufend Kundentermine wahrnimmt, zwischen Messen und Büro pendelt und daneben Fortbildungen am Wochenende macht, ist irgendwann so viel unterwegs, dass die tatsächliche Arbeitszeit ins Uferlose wächst.

Freizeitausgleich gibt es dafür häufig nicht. Stattdessen gilt als selbstverständlich, dass sich die Mitarbeiter beispielsweise vor, während und nach Messen, zeitlich (noch) mehr ins Zeug legen als sonst. Auch Weiterbildungskurse am Wochenende werden gar nicht erst zur Diskussion gestellt.

Wer einen solch herausfordernden Job hat, tut sich schwer, ein erfülltes Privatleben zu führen. Familie, Freunde und Hobbys bleiben zwangsläufig auf der Strecke. Das führt dazu, dass mehr und mehr der Ausgleich zum Job fehlt. Das ist gefährlich: Wenn keine Zeit mehr zur Erholung bleibt, wird sich selbst der leistungsstärkste Mitarbeiter irgendwann erschöpft und ausgebrannt fühlen. Es gilt also, die richtige Balance zu finden. Aber wie?

So wird es besser

Der Einzige, der etwas gegen Ihre vielen Dienstreisen tun kann, sind Sie. Ziehen Sie Konsequenzen, wenn Sie das ständige Unterwegssein zu sehr erschöpft. Sie werden nicht alles, aber manches ändern können. Jeder Schritt, der Ihnen den Alltag erleichtert, ist ein Schritt zur Besserung.

Problem lokalisieren

Wenn Sie Ihr aufreibendes Arbeitsleben etwas ruhiger gestalten möchten, beginnen Sie mit einem Frage-Antwort-Spiel: Was stört Sie besonders an Ihrem umtriebigen Jobdasein? Sind es die Messen mit dem anstrengenden Kundenkontakt, das ständige Autofahren, der Jetlag bei weiten Reisen, der Einsatz am Wochenende? Überlegen Sie, was Sie gerne ändern würden, wenn Sie die Möglichkeit dazu hätten. Wie müsste der erste Schritt aussehen?

Grenzen setzen

Sobald Sie sich darüber klar sind, wo Sie gerne ansetzen würden, beginnen Sie Ihren Berufsalltag mehr nach Ihren Vorstellungen auszurichten. Machen Sie nicht immer alles mit. Weiterbildung am Samstag und Sonntag? Die fünfte Dienstreise in zwei Wochen? Trauen Sie sich, einmal Nein zu sagen. Denn wenn Sie es nicht tun, woher soll Ihre Umgebung dann wissen, dass Sie überhaupt etwas am ständigen Unterwegssein stört?

Wichtig ist beim Nein-Sagen das »Wie«. Am besten ist es, wenn man eine Alternative vorschlagen kann. So könnte man die Weiterbildung beispielsweise schon freitags starten lassen und als Inhouse-Seminar organisieren. Manche Dienstreisen lassen sich zusammenlegen. Bei Messen könnte man sich abwechseln, manche Termine delegieren.

Es geht nicht darum, plötzlich schlechte Laune über Ihre Verpflichtungen zu kommunizieren und öffentlichkeitswirksam nach Fluchtmöglichkeiten zu suchen – sicher haben Sie kein Interesse, auf diese Art ein (wenn auch ungerechtfertigtes) Drückebergerimage aufzubauen. Achten Sie darauf, konstruktive und nachvollziehbare Vorschläge zu machen, die sachdienlich sind und von denen möglicherweise auch andere profitieren.

Sie müssen nicht alles mitmachen. Wenn eine Forderung zu viel ist, ist sie zu viel, und Sie haben das Recht, dies auszudrücken. Wer alles mit sich machen lässt, muss sich nicht wundern, wenn er irgendwann ein Leben führt, das nicht mehr zu ihm passt.

Für Ausgleich sorgen

Wenn Sie viel unterwegs sind, ist es umso wichtiger, private Rückzugsmöglichkeiten zu haben. Stellen Sie nicht die ganze Zeit gedanklich in den Dienst der Firma. Auch auf Dienstreisen haben Sie ein Recht auf Privatheit. Gewöhnen Sie sich zum Beispiel an, Ihre Joggingsachen mitzunehmen. Eine halbe Stunde laufen tut gut und bringt Sie auf andere Gedanken. Wer es nicht so sportlich mag, kann beispielsweise vor oder nach dem Frühstück eine halbe Stunde für sich einplanen und die Zeit zum Spazierengehen oder Musikhören nutzen.

Sind Sie nicht mit dem Auto, sondern dem Zug unterwegs, nutzen Sie die Möglichkeit, einmal nichts zu tun. Wer geschäftlich reist, neigt dazu, sofort Laptop und Handy auszupacken und wie in einem mobilen Büro weiterzuackern. Sicherlich ist es effizient, die »Leerzeit« beim Zugfahren sinnvoll zu nutzen. Aber es tut auch gut, einfach aus dem Fenster zu schauen und die Gedanken schweifen zu lassen, ein gutes Buch zur Hand zu nehmen oder mit dem Sitznachbarn ins Gespräch zu kommen. Gönnen Sie sich diese kleinen Auszeiten.

Geschäftsreisende kommen zwar viel herum, haben aber meist nichts von all den interessanten Orten, an denen sie sich aufhalten, weil sie sich nur zwischen Hotel und Meetings bewegen. Das ist schade. Wenigstens zu einem kleinen Bummel sollte es reichen, vielleicht lässt sich auch die Teilnahme an einer interessanten Abendveranstaltung organisieren. Nehmen Sie sich die Zeit, sich vorab zu informieren, was Sie interessieren könnte, und versuchen Sie, das dann auch mitzunehmen.

Link-Hinweis

www.arbeitsratgeber.com/geschaeftsreise_0095.html
    Der Arbeitsratgeber informiert über die rechtlichen Aspekte bei Dienstreisen.

Fehlende Flexibilität
Ich kann meine Arbeitszeiten nicht selbst bestimmen

Wer angestellt ist, unterliegt dem Weisungsrecht des Arbeitgebers. Das heißt: Der Chef bestimmt die Arbeitszeit, der Mitarbeiter hat sich zu fügen. Nun kann man es als Arbeitnehmer sehr gut treffen und bei einem Unternehmen landen, das zum Beispiel Gleitzeit anbietet, und bei einem Vorgesetzten, der seinen Mitarbeitern Freiräume und Verantwortung überlässt. Weniger gut hat es dagegen, wer in einem völlig starren und fremdbestimmten Arbeitsumfeld sein Geld verdienen muss.

Die Bandbreite dazwischen ist groß. Auch wer sich in der Arbeit frei entfalten kann, ist Terminvorgaben ausgesetzt und bei der Urlaubsplanung muss jeder selbstverständlich Rücksicht auf den Betriebsablauf und die Kollegen nehmen.

Bei der regelmäßigen Umfrage »Gute Arbeit« des Deutschen Gewerkschaftsbunds wird die Möglichkeit, seine Arbeit selbstständig planen und einteilen zu können und auch die Arbeitszeit beeinflussen zu können, als eines der wesentlichen Kriterien für gutes Arbeiten gewertet.

Wenn Sie sich also in der Gestaltung Ihrer Arbeit zu sehr eingeschränkt fühlen, ist es richtig, etwas ändern zu wollen. Alles andere ist auf Dauer demotivierend.

So wird es besser

Wer seine Arbeitszeiten ändern will, ist auf den Vorgesetzten angewiesen. Ihn gilt es zu überzeugen. Doch auch im Team können sich manche Unsitten eingeschlichen haben, die die Arbeitszeiten betreffen. Woran es auch liegt: Sie werden etwas Zeit dafür brauchen, am Status quo etwas zu ändern. Fangen Sie am besten gleich damit an.

Den Chef führen

Mitarbeitern keine Flexibilität zuzugestehen ist ein Zeichen von Misstrauen und Schwäche. Es gibt Chefs, die am liebsten alles kontrollieren würden, weil sie der Meinung sind, es könnte ja sonst schieflaufen. Wer einen solchen Vorgesetzten hat, hat es nicht leicht. Aber er ist ihm auch nicht völlig ausgeliefert.

Die wichtigste Taktik lautet: Vertrauensbildung. Einem Chef, der von Ihnen überzeugt ist, werden Sie eher Freiheiten entlocken. Gehen Sie zunächst auf seine Kontrollwut ein: Erstatten Sie Rapport, zeigen und besprechen Sie Zwischenergebnisse, fragen Sie um Rat. Sobald Sie der Ansicht sind, seine Wünsche und Einwände schon vorab zu kennen, reduzieren Sie langsam Ihre Rückfragen, aber halten Sie die Kommunikation aufrecht. Ihr Vorgesetzter wird beginnen, Ihnen zu vertrauen, wenn er merkt, dass er von Ihnen dauerhaft Arbeitsergebnisse erhält, die seinen Erwartungen entsprechen.

Wenn Sie sich das Vertrauen einmal erarbeitet haben, gehen Sie sorgfältig damit um. Bleiben Sie im Gespräch und weihen Sie Ihren Chef ein, wenn Sie einmal etwas außer der Reihe planen. Müssen oder möchten Sie zum Beispiel einmal früher als gewohnt gehen oder später kommen, kündigen Sie ihm das an und erwähnen Sie am besten, wie Sie die (aus seiner Sicht) verlorene Arbeitszeit wieder einholen. Sie könnten zum Beispiel im Nebensatz sagen, dass Sie Unterlagen mit nach Hause nehmen oder am heutigen Tag früher gekommen sind oder dieses und jenes Projekt bereits früher als gedacht abschließen konnten.

Wichtig ist dabei immer: Machen Sie sich bewusst, dass Sie Ihren Vorgesetzten nicht ändern können. Nehmen Sie ihn, wie er ist, und nehmen Sie auf seine Kontrollsucht Rücksicht. Nur so können Sie sich (langsam) nötige Freiheiten erarbeiten.

Die Arbeitsmenge reduzieren

Möglich ist auch, dass Ihre starren Arbeitszeiten auf eine nicht zu bewältigende Arbeitslast zurückzuführen sind. Sie werden von der Menge geradezu erdrückt und weil Termine sowieso immer zu knapp gesetzt sind, kommen Sie gar nicht dazu, souverän mit Ihrer Zeit umzugehen. Stattdessen sind Sie immer in Verzug und hecheln Aufgaben regelrecht hinterher.

Wenn es Ihnen so geht, kommen Sie nicht umhin, die Arbeitsmenge zu reduzieren. Das geht nicht? Doch, zwar nicht von heute auf morgen, aber es gibt Ansätze, die Ihnen weiterhelfen – angefangen vom Setzen der richtigen Prioritäten über Organisatorisches bis hin zum Delegieren bestimmter Aufgaben.

Lesen Sie dazu bitte die Tipps im Kapitel »Arbeitslast«.

Kollegen Grenzen zeigen

Manche Kollegen haben es geradezu heraus, das Beste immer für sich zu reservieren. Sie sind unglaublich schnell darin, Brückentage zu entdecken und sofort ihren Urlaubsanspruch damit zu verknüpfen. Irgendwie kriegen sie es auch hin, Einfluss auf die Terminsetzung von Besprechungen zu nehmen und, falls es so etwas bei Ihnen im Job gibt, nur die angenehmsten Schichtdienste zu übernehmen.

Wenn Sie deswegen immer den Kürzeren ziehen, schreiten Sie ein. Sie müssen sich das nicht gefallen lassen. Bei der Urlaubsplanung empfiehlt sich, ein Machtwort des Vorgesetzten zu provozieren. Am besten, Sie sprechen das Problem offen in einer Teamsitzung an. Wichtig: Nennen Sie dabei nicht konkret einen Namen oder Schuldigen, sondern schildern Sie sachlich, dass die Urlaubsplanung im Team geregelt werden sollte, damit es gerecht zugeht. Ein guter Vorschlag wäre zum Beispiel, dass sich am Anfang des Jahres Teamkollegen und Vorgesetzter zusammensetzen und ihre Urlaubswünsche für das Jahr auf den Tisch legen. Nur so lässt sich vermeiden, dass ein Mitarbeiter heimlich vorprescht und schon alle

Brückentage für sich reserviert. Es ist üblich, dass Mitarbeiter mit Schulkindern in den Schulferienzeiten Vorrang haben.

Ebenso sollte das Team bei den Schichtdiensten verfahren. Angenehme und weniger angenehme Zeiten sollten gleichmäßig auf die Kollegen verteilt werden. Unter Umständen ist es dafür nötig, dass ein Kollege den Überblick über die bereits geleisteten Dienste behält und einschreitet, das heißt zum Beispiel in einem Meeting Bescheid gibt, falls er Ungleichgewichte in der Verteilung entdeckt.

Im Idealfall sollten die Teammitglieder abwechselnd aufeinander Rücksicht nehmen. Schließlich kann jeder einmal in die Situation kommen – sei es, dass ein Kind krank ist oder ein Umzug ansteht –, auf das Entgegenkommen seiner Kollegen angewiesen zu sein. Am besten spricht man die Beweggründe offen an, damit sie für die Kollegen nachvollziehbar sind.

Alternativen überlegen

Vielleicht sind Sie auch in einem Unternehmen oder einer Position beschäftigt, wo Flexibilität ein Fremdwort ist. Gearbeitet wird von neun bis fünf, gemacht wird, was angeordnet ist, und basta. Wenn Ihr Arbeitsumfeld dermaßen starr ist, sollten Sie sich keine unnötigen Hoffnungen machen. Sie werden nicht als Einzelkämpfer Ihre Firma ändern können.

Soweit es nur die Arbeitszeit betrifft, können Sie sich damit trösten, dass in vielen Unternehmen »flexibel« arbeiten nichts anderes bedeutet als »bereitwillig Überstunden machen«. Manche Arbeitnehmer schätzen es auch, wenn der Arbeitstag regelmäßig ein festes Ende hat. Anderen liegt es weniger. Sie würden gerne eigenverantwortlich ihre Aufgaben bearbeiten und auch ihre Zeiten freier einteilen.

Wenn Sie zur zweiten Gruppe gehören, überlegen Sie, wie wichtig Ihnen dieser Wunsch ist. Wenn Sie ihn gerne realisieren möchten, informieren Sie sich über Jobs und Positionen, die Ihrer Arbeitsweise eher gelegen kommen.

Falls Sie sich wünschen, von zu Hause arbeiten zu können, suchen Sie gezielt nach Arbeitgebern, die dies anbieten. Vielleicht gibt es auch in Ihrer näheren Umgebung Unternehmen, die auf Telearbeit setzen – häufig wird nicht die gesamte Zeit von zu Hause gearbeitet, sondern teils im Unternehmen, teils daheim.

Dasselbe gilt, wenn die mangelnde Flexibilität die organisatorische Gestaltung Ihrer Arbeit betrifft und Sie gerne mehr Freiräume und Verantwortung hätten. Lässt sich das in Ihrer Position nicht verwirklichen, so sind Sie offenbar über Ihren Job hinausgewachsen und bereit für neue Aufgaben.

Nutzen Sie alle Informationsquellen – Tageszeitungen und Fachzeitschriften, Internet und Arbeitsagentur sowie Stellenmärkte und Jobmessen, um Ihr Wunscharbeitsumfeld zu entdecken. Wenn Sie den Arbeitgeber Ihrer Wahl gefunden haben, schreiben Sie eine Bewerbung. Haben Sie den Mut, etwas an Ihrer Situation zu ändern, wenn Sie unglücklich sind.

Link-Hinweise

www.dgb-index-gute-arbeit.de
Der Index »Gute Arbeit« des Deutschen Gewerkschaftsbunds untersucht regelmäßig die Arbeitsbedingungen der Beschäftigten.
www.ferien-planer.de
Der Ferienplaner kennt alle Brückentage und Ferientermine.
www.verdi-innotec.de
Die Gewerkschaft ver.di informiert über Telearbeit. Sie finden die Informationen unter dem Menüpunkt »Themen«.

Motivation

Angst
Ich habe Sorge, meinen Job zu verlieren

Es ist ein ewiges Auf und Ab: Mal geht es der Wirtschaft gut, dann ist von Fachkräftemangel die Rede, läuft es für die Unternehmen schlechter, drohen gleich Massenkündigungen. Unternehmen werden »gesund geschrumpft«, ganze Abteilungen aufgelöst, Firmenstandorte geschlossen, den einen Mitarbeitern wird gekündigt, manche werden versetzt und andere »dürfen« zwar ihren Job behalten, aber die Arbeit der gekündigten Kollegen gleich mit übernehmen.

Mit Personalabbau lassen sich kurzfristig schnell Kosten einsparen. Auf längere Sicht hat diese Form der Kostenreduzierung für die Firmen unerwünschte Folgen: Sie demotiviert die Belegschaft. Sorge um den Job sowie Ärger über das Unternehmensmanagement schlagen sich negativ auf Engagement und Leistung der nichtgekündigten Mitarbeiter nieder. Arbeitnehmer, die Angst um ihren Job haben, klagen häufiger unter psychischen Belastungen und halten sich bei ihrer Leistung zurück. Das zeigen mehrere Umfragen, etwa der Bertelsmann Stiftung und der Personalberatung Fürstenberg-Institut.

Häufig glänzen die Betriebe in Krisensituationen nicht mit ihrer Unternehmenskommunikation gegenüber den Mitarbeitern. Dabei wünschen sich laut einer Umfrage der Personalberatung Rundstedt HR Partners Arbeitnehmer klare Ansagen und eine offene Diskussion. Ist das nicht der Fall, so brodelt die Gerüchteküche. Das Management, so scheint es den Mitarbeitern, macht, was es will, und frühere Fehlentscheidungen muss die Belegschaft ausbaden.

Kein Wunder, dass Unmut und Frust aufkommen. Wer hat noch Spaß daran, ein Projekt voranzutreiben, wenn unklar ist, ob es überhaupt zu Ende geführt werden kann? In manchen Teams wächst durch angedrohte Kündigungen der Konkurrenzdruck. Die Angst macht sich breit und es regiert eine Ellbogenmentalität nach dem Motto »Rette sich, wer kann«.

So wird es besser

Setzen Sie der Untergangsstimmung etwas entgegen. Es macht keinen Sinn, schicksalsergeben darauf zu warten, was Schlimmes passieren mag. Stattdessen hilft nur: sich auf die Arbeit zu konzentrieren und zugleich den Worst Case vorzubereiten.

Sich nicht verrückt machen lassen
Manche Teams reagieren geradezu hysterisch auf Krisenmeldungen. Für die Kollegen gibt es kein anderes Thema mehr als die drohenden Kündigungen. Jedes noch so kleinste Gerücht wird weitergetragen und ausgeschmückt. Schon beim »Guten Morgen« herrscht Krisenstimmung, die negativen Emotionen nehmen überhand.

So schwer es auch sein mag: Lassen Sie sich davon nicht anstecken. Es bringt überhaupt nichts, sich gegenseitig herunterzuziehen. Dadurch wird nichts besser. Im Gegenteil: Die Angst vor der Kündigung wirkt geradezu lähmend und blockiert die Gedanken. Ein Gefühl der Sinnlosigkeit kommt auf.

Versuchen Sie autark zu bleiben und halten Sie an den guten Momenten fest. Konzentrieren Sie sich auf Ihre Arbeit, treiben Sie Ihre Projekte voran und freuen Sie sich über Erfolge, die sich einstellen. Setzen Sie sich Ziele – wie eine gut gelungene Präsentation zu machen oder ein schwieriges Kundengespräch zu meistern – und belohnen Sie sich, wenn Sie diese erreicht haben. Stoßen Sie auf Ihren Erfolg an, lassen Sie den Tag besonders ausklingen, gönnen Sie sich etwas, das Ihnen guttut.

Beteiligen Sie sich nicht an der Gerüchteküche. Wenn Ihre Kollegen auch am Mittagstisch kein anderes Thema als die Kündigungen kennen, sagen Sie, dass Sie keinen Sinn darin sehen, die Angst zu schüren, sondern sich lieber auf Ihre Arbeit konzentrieren möchten. Verabreden Sie sich zwischendurch mit Bekannten oder machen Sie alleine einen Spaziergang, um auf andere Gedanken zu kommen.

Lieber handeln statt abwarten

Warten Sie nicht wie die Maus vor der Schlange auf den Schicksalsschlag. Tun Sie etwas. Wenn Sie ernsthaft befürchten, gekündigt zu werden, informieren Sie sich über Ihre rechtliche Situation. Sie müssen wissen, was auf Sie zukommen kann: Kann Sie der Arbeitgeber überhaupt ohne Weiteres kündigen? Steht Ihnen eine Abfindung zu? Mit welcher Summe können Sie rechnen? Wie lange ist die Kündigungsfrist? Wann empfiehlt es sich, gegen eine Kündigung zu klagen? Antworten auf diese Fragen können Ihnen der Betriebsrat und Gewerkschaften geben.

Überlegen Sie, wie es für Sie im Fall einer Kündigung weitergehen soll. Wollen Sie wieder in Festanstellung arbeiten oder können Sie sich vorstellen, sich selbstständig zu machen? Gehen Sie die Alternativen an. Warten Sie nicht auf die Kündigung, um nach einem Job zu suchen. Beginnen Sie damit so früh wie möglich und gehen Sie die Stellensuche mit Umsicht an. Es braucht Zeit, die Bewerbungsunterlagen auf den aktuellen Stand zu bringen, den Arbeitsmarkt zu sondieren und die eigenen Möglichkeiten und Perspektiven auszuloten.

Rechtzeitig vorbeugen

Die Angst vor Kündigungen trifft vor allem jene besonders hart, die befürchten, danach keinen adäquaten Job bei einem anderen Arbeitgeber mehr zu bekommen. Lassen Sie es nicht so weit kommen. Denken Sie langfristig und investieren Sie auch in sicheren Jobzeiten in Ihre Qualifikation. Bilden Sie sich weiter, auch wenn die Zeit im Joballtag dafür knapp ist.

Denken Sie auch daran, sich Zwischenzeugnisse ausstellen zu lassen. Im Fall des Falles brauchen Sie diese für Ihre Bewerbung. In folgenden Situationen ist es üblich, ein Zwischenzeugnis zu fordern, ohne dass beim Arbeitgeber gleich der Verdacht aufkommt, Sie wollten sich anderswo bewerben: wenn der Vorgesetzte wechselt, man ein neues Aufgabengebiet übernimmt oder längere Zeit aussetzt wegen eines Sabbaticals oder einer Elternzeit.

Abschalten

Je schlimmer die Stimmung im Job ist, desto mehr sollten Sie sich bemühen, im Privaten gegenzusteuern. Denn die Gefahr, dass die Krise im Büro auch auf die Freizeit abfärbt, ist groß. Schalten Sie bewusst ab. Sie brauchen diese Pausen, um mit klarem Kopf über Ihre Situation und mögliche Veränderungen nachdenken zu können.

Link-Hinweise

www.arbeitsagentur.de

Die Bundesagentur für Arbeit informiert darüber, worauf es im Falle der Arbeitslosigkeit ankommt. Gehen Sie auf »Für Bürgerinnen und Bürger«, dann auf »Arbeitslosigkeit«.

www.erwerbslos.de

Die Koordinierungsstelle gewerkschaftlicher Arbeitslosengruppen informiert über rechtliche Dinge und nennt Adressen bei Beratungsbedarf.

www.psychotipps.com

Auf dieser Webseite geben Psychotherapeuten unter anderem kurze Empfehlungen und Anregungen für gute Laune und positives Denken.

http://marktplatz.zeit.de/angebote/job-und-karriere

Der Jobturbo der Wochenzeitung ›Zeit‹ durchforstet das Internet nach Stellenangeboten.

Unterforderung
Mir ist langweilig

Es ist schon verrückt: Während die einen Mitarbeiter über enorme Überlastung klagen, ständig Überstunden schieben und körperlich wie seelisch von Stress gezeichnet sind, klagen andere über Unterforderung. Sie leiden an »Boreout«, der Begriff ist in Anlehnung an »Burnout«, also den Zusammenbruch wegen Überarbeitung, entstanden.

Aus Sicht der Überarbeiteten haben es die Unterforderten gut: Sollen sie doch froh sein, dass ihr Job nicht so anstrengend ist. Doch das ist leicht gesagt. Tatsächlich ist es ungeheuer frustrierend und auf Dauer ebenfalls belastend, wenn man immer unter seinen Möglichkeiten arbeitet und es im Berufsalltag keinerlei Herausforderung gibt.

Die Ursachen für Langeweile im Job sind verschieden. Es kann die falsche Berufswahl sein, aber auch an schlechter Führung durch den Vorgesetzten liegen. Viele Chefs interessieren sich nicht für die Potenziale, die in ihren Mitarbeitern stecken. Sie sind damit zufrieden, wenn diese die ihnen zugewiesenen Aufgaben ordentlich erledigen. So sind mitunter ganze Teams unterfordert. Andere Vorgesetzte können oder wollen nicht delegieren, sie machen alles selbst und verweigern den Mitarbeitern die Möglichkeit, Verantwortung zu übernehmen. Manchmal hat die sogenannte Führungskraft auch Angst vor Konkurrenz und hält gute Leute bewusst »klein«.

Was auch immer die Ursache sein mag: Dauerhafte Unterforderung im Job kann regelrecht krank machen und sich auch auf das Privatleben negativ auswirken. Wer sich im Job langweilt, kommt unbefriedigt und schlechter Dinge nach Hause. Schließlich ist man bei einer Vollzeittätigkeit acht Stunden und mehr in der Arbeit – das ist zu viel Zeit, um sie mit Langeweile zu verbringen.

So wird es besser

Bleiben Sie nicht länger unter Ihren Möglichkeiten. Sie haben Besseres verdient. Analysieren Sie zuerst Ihre Situation: Woran liegt die Unterforderung? Ist es der Chef oder das Aufgabengebiet? Oder liegt es womöglich an der Berufswahl?

Überlegen Sie dann, wie Sie etwas an Ihrer Situation ändern können. Die folgenden Beispiele sollen Ihnen dabei helfen.

Sich Ziele setzen, die Spaß machen
Wenn der Job keine Herausforderung bietet, geht die Motivation flöten. Die naheliegendste Lösung ist: sich selbst etwas vorzunehmen. Überlegen Sie, was Sie am nächsten Arbeitstag angehen und erreichen möchten. Ein Ziel könnte beispielsweise sein, einen schwierigen Kunden so zu beraten, dass er zufrieden ist. Oder einen komplizierten Fachartikel zu lesen. Versuchen Sie, sich Ziele zu setzen, die Sie erreichen können, die Ihnen Spaß machen und die Sie weiterbringen. Und freuen Sie sich darüber, wenn Ihnen etwas gut gelungen ist.

Ziele können aufeinander aufbauen und über den Arbeitstag hinausgehen. Man kann sich zum Beispiel vornehmen, am nächsten Tag einen Fachbeitrag zu lesen und die Woche darauf einen Vortrag zum selben Thema zu besuchen mit anschließender Diskussion, an der man sich beteiligt. Das kann sich steigern bis zur Weiterbildung, die man schon lange machen wollte. Ein anderes Beispiel: Man freundet sich mit dem Computerprogramm an, mit dem man immer noch Schwierigkeiten hat, arbeitet sich richtig ein – bis man eines Tages sogar neue Mitarbeiter darin schulen kann. Sie sehen: Die Möglichkeiten sind unbegrenzt und es liegt ganz an Ihnen, die für Sie richtigen Ziele zu finden. Holen Sie auf diese Weise mehr aus Ihrem Job heraus.

Mehr Verantwortung übernehmen
Wenn Sie mit Ihrem Vorgesetzten gut zurechtkommen und Ihr Aufgabengebiet verändern oder erweitern möchten, teilen

Sie ihm das mit. Woher sollte er von Ihren Wünschen und Vorstellungen wissen, wenn Sie sie nicht äußern? Womöglich ahnt er gar nicht, was wirklich in Ihnen steckt. Bitten Sie ihn um ein Gespräch und sagen Sie ihm, dass Sie gerne mehr Verantwortung übernehmen möchten oder sich für bestimmte weitere Aufgaben interessieren.

Ein solches Gespräch muss man sehr gut vorbereiten. Schließlich soll der Chef von etwas überzeugt werden. Schreiben Sie deshalb Ihre Wünsche auf und sammeln Sie Argument für Argument. Das hilft, Ihren Gedanken Struktur zu verleihen. Überlegen Sie auch, welche Einwände der Vorgesetzte haben könnte. Was spricht gegen Ihre Wünsche? Und: Wie antworten Sie auf mögliche Vorbehalte?

Wenn Sie vor dem Gespräch sehr nervös sind und diese Situation für Sie ungewohnt ist, üben Sie vorher in einem Rollenspiel mit einem Freund oder Ihrem Partner.

Ein anderer Job
Überlegen Sie zuvor gut, was Sie mit einem Jobwechsel erreichen möchten: Was bringen Sie an Erfahrung und Fachwissen mit und wo wollen Sie hin? Welche neuen Möglichkeiten soll Ihnen Ihr neuer Job eröffnen? Nehmen Sie sich ausreichend Zeit, darüber nachzudenken, und fassen Sie einen Plan, wie Sie Ihr Ziel erreichen können. Schließlich wollen Sie nicht vom Regen in die Traufe kommen.

Gehen Sie Schritt für Schritt vor. Fangen Sie schon in Ihrem jetzigen Job an, auf eine neue Position hinzuarbeiten. Überlegen Sie, welche Erfahrungen Sie weiterbringen, und beginnen Sie, diese zu sammeln.

Wenn Sie von anderen Unternehmen zum Vorstellungsgespräch eingeladen werden, seien Sie sehr wachsam, wie die Arbeitsbedingungen beschrieben werden. Achten Sie darauf, dass Ihnen eine neue Position auch wirklich die Perspektiven bietet, die Sie sich vorstellen.

Ein ganz anderer Beruf

Womöglich kommen Sie bei Ihren Überlegungen zu dem Schluss, dass Sie den falschen Beruf gewählt haben. Vielleicht ist Ihr Aufgabengebiet so klar umrissen, dass Sie gar keine Möglichkeit haben, Ihren Arbeitsalltag für sich interessanter und verantwortungsvoller zu gestalten. Was nun?

Einen neuen Beruf zu wählen ist ein großer Schritt. Es kann gut gehen und wie eine Befreiung sein. Diese Entscheidung sollten Sie auf jeden Fall erst nach sorgfältiger Überlegung fällen. Noch einmal eine neue Ausbildung anzufangen oder sich selbstständig zu machen, ist mit finanziellen Risiken verbunden. Nutzen Sie alle Informations- und Beratungsmöglichkeiten, die es gibt. Sprechen Sie nicht nur im Freundes- und Bekanntenkreis über Ihre Pläne. Nutzen Sie auch den Service der Arbeitsagenturen oder selbstständiger Berufs- und Karriereberater.

Es gibt psychologische Testverfahren, mit denen man seine Stärken und Schwächen analysieren kann. Im Internet bietet beispielsweise Unicum einen kostenfreien Test an *(siehe S. 69)*.

Keine Angst vor Rückschlägen haben

Mehr Verantwortung zu übernehmen, den Arbeitgeber oder sogar den Beruf zu wechseln – solche Veränderungen sind immer ein Wagnis. Sie bergen große Chancen, aber auch Risiken. Lassen Sie sich davon nicht abschrecken. Die Alternative wäre der berufliche Stillstand.

Seien Sie froh, sich eine neue Perspektive zu eröffnen, und seien Sie stolz auf Ihren Mut, diese verwirklichen zu wollen. Bleiben Sie dabei realistisch, überfordern Sie sich nicht. Vielleicht sind Sie eher vorsichtiger Natur. Dann könnte ein Sprung ins kalte Wasser wie beispielsweise ein kompletter Berufswechsel mit neuer Ausbildung zu viel sein.

Versuchen Sie, das zu Ihnen passende Tempo bei Veränderungen zu finden. Sie müssen nicht von heute auf morgen Ihr Leben komplett umstellen, um Langeweile aus Ihrem

Arbeitsalltag zu vertreiben. Sie können Schritt für Schritt vorgehen, zum Beispiel indem Sie erst einen interessanten Nebenjob übernehmen und sich so nach und nach ein zweites Standbein aufbauen.

Bedenken Sie vor einem möglichen Jobwechsel, dass dies immer mit Unsicherheit verbunden ist. Sie haben in den ersten Monaten eine Probezeit, in der Ihnen leicht gekündigt werden kann. Gerade in wirtschaftlich schwierigen Zeiten ist das ein Risiko, das viele zu Recht scheuen.

Es ist völlig nachvollziehbar, wenn Sie zunächst entscheiden, auf Ihrer Stelle zu bleiben. Doch dann gilt umso mehr, den zuerst beschriebenen Rat umzusetzen und mehr aus dem jetzigen Job zu machen.

Lesen Sie hierzu auch das Kapitel »Aussteigen«.

Link-Hinweise

www.unicum.de/beruf/jobtest/test_info.php

Beim Online-Studentenmagazin ›Unicum‹ gibt es einen kostenlosen Jobeignungstest, der von der Stiftung Warentest als »gut« eingestuft wird. Entwickelt hat ihn das Unternehmen eligo.

www.existenzgruender.de

Beim Existenzgründerportal des Bundeswirtschaftsministeriums finden Sie einen Onlinetest, in dem Sie Ihre Eignung für die berufliche Selbstständigkeit überprüfen können.

Glaubt man den Meinungsforschern, so ist der Mehrheit der deutschen Arbeitnehmer die Motivation flöten gegangen, sie machen nur noch Dienst nach Vorschrift. Laut der jüngsten Studie des Beratungsinstituts Gallup sind nur elf Prozent der Mitarbeiter mit vollem Elan bei der Sache.

Nun ist es völlig normal, hin und wieder einen Durchhänger zu haben. Niemand ist rund um die Uhr sieben Tage die Woche energiegeladen und optimistisch und hochmotiviert. Meist legt sich die Unlust von alleine und man ist wieder guter Dinge und mit Begeisterung dabei. Eine »innere Kündigung« ist das noch nicht.

Bei manchen wird ein Durchhänger allerdings zum Dauerzustand. Das kann an einem selbst liegen und einem Gefühl des privaten und beruflichen Stillstands oder an der Arbeitsumgebung. Die ersten Berufsjahre sind noch aufregend. Alles ist neu: das erste Unternehmen, der Umgang mit Kollegen und Vorgesetzten. Man wächst langsam in seinen Job hinein, übernimmt erste Verantwortung und erwirbt Routine. Nach ein paar Jahren wiederholt sich vieles im Arbeitsleben. Die erste Auseinandersetzung mit einem Kollegen ist aufregend, die folgenden sind nur noch ärgerlich. Auch sich immer wiederholende Aufgaben werden zunehmend als lästig empfunden.

Zugleich spielt der Beruf eine immer größere Rolle im Leben. Mit höherer Verantwortung steigen auch die Arbeitszeiten. Manchmal dominiert der Job geradezu, das Private wird in den Hintergrund gedrängt. Dazu kommen die Konflikte im Büro, nicht immer ist der Alltag Honigschlecken und manches, was so ärgerlich ist, kann man selbst nicht ändern. Dazu gehören bestimmte Arbeitsabläufe ebenso wie der nervige Kollege oder der unfähige Chef.

Laut Gallup liegt die Unzufriedenheit bei vielen vor allem

an Führungsproblemen: an mangelnder Wertschätzung seitens des Unternehmens und dem Gefühl, nicht seinen Fähigkeiten entsprechend eingesetzt zu sein.

So wird es besser

Das Schlimme an der Unlust ist: Sie zieht einen nach unten.
Und je demotivierter man ist, desto weniger Energie hat man,
um etwas zu ändern. Lassen Sie es so weit nicht kommen.
Handeln Sie unbedingt, bevor die schlechte Laune zum Dauerzustand wird. Und sollten Sie bereits frustriert sein, dann
ziehen Sie sich wieder aus dem Motivationsloch heraus. Mit
dem richtigen Ziel schaffen Sie das.

Ehrlich sein
Nehmen Sie sich Zeit, um in sich hineinzuhorchen: Was ist
los? Was ist es, das Sie stört? Sind es die Kollegen oder der
Vorgesetzte? Liegt es am Aufgabengebiet oder den Routinearbeiten? Haben Sie das Gefühl, alles erreicht zu haben, und
wissen jetzt nicht weiter? Arbeiten Sie womöglich zu viel und
haben das Gefühl, dass der Job Ihr Leben auffrisst? Oder liegt
es gar nicht an der Arbeit, dass es Ihnen momentan nicht so
gut geht? Sind in Wirklichkeit private Probleme der Auslöser?
Oder ist es nur eine momentane Unlust, die wieder vorbei-
geht?

Sprechen Sie mit Ihrem Partner oder guten Freunden über
Ihre Gefühle. Ein Gespräch kann enorm weiterhelfen. Nicht
immer kommt man sich selbst auf die Schliche. Allein darüber
zu sprechen kann helfen, klarer zu sehen. Und Menschen,
die Ihnen nahestehen, können Ihnen wichtige Denkanstöße
geben.

Erst wenn Sie wissen, was es mit Ihrem Durchhänger auf
sich hat, können Sie etwas dagegen tun. Überlegen Sie, welche Schritte Sie aus Ihrer Situation herausführen können.

Sich eine Auszeit gönnen

Wenn Ihr Durchhänger mehr ist als eine momentane Unlust, brauchen Sie Zeit, um über Ihr Leben und Ihre Ziele nachzudenken: Wo wollen Sie hin? Was möchten Sie erreichen? Könnten Sie sich vorstellen, eine andere berufliche Richtung einzuschlagen? Oder möchten Sie dem Privaten mehr Raum geben?

Wer voll berufstätig ist, womöglich viele Überstunden macht oder eine Familie zu versorgen hat, kommt meist vor lauter Alltag nicht dazu, in Ruhe nachzudenken. Da bleibt nur eines: sich Zeit dafür zu schaffen. Das kann ein Wochenendtrip sein, zu dem man sich alleine aufmacht, bis hin zu einem Sabbatical, das von vielen Arbeitgebern angeboten wird. Bei einem Sabbatical nimmt der Arbeitnehmer eine berufliche Auszeit, beispielsweise ein halbes Jahr. Währenddessen bleibt er angestellt. Entweder ruhen in dieser Zeit die Gehaltszahlungen oder man bezieht vor und nach dem Sabbatical weniger Gehalt und erhält dafür auch während der Auszeit seinen Lohn.

Pläne machen

Wenn Sie zu dem Schluss kommen, dass sich etwas ändern muss, setzen Sie sich Ziele. Was wollen Sie erreichen?

Damit Sie mit voller Motivation dabei sind und nicht bei der ersten Schwierigkeit klein beigeben, gehen Sie bei der Wahl und Formulierung Ihrer Ziele mit Bedacht vor. Nur so können Sie Erfolgserlebnisse haben, die Sie weiter motivieren.

Entscheidend ist, dass das Ziel zu Ihnen passt. Wenn Sie sich vornehmen, Karriere zu machen, weil »man« Karriere macht, Ihnen in Wirklichkeit aber nicht viel am beruflichen Aufstieg liegt, werden Sie nicht weit kommen. Wichtig ist außerdem, dass Ihr Ziel realistisch ist, Sie es also wirklich mit eigener Anstrengung erreichen können. Formulieren Sie Ihr Ziel möglichst konkret (»Ich will Teamleiter werden« statt »Ich will Karriere machen«) und legen Sie es nicht zu weit in die Zukunft. Dafür bietet sich an, das Ziel in Teile zu »zerlegen«, die Sie nach und nach erreichen: Ist Ihr großes Ziel zum Beispiel, eine Weiterbildung zu absolvieren, so ist der erste Teil, Informationen über mögliche Kurse zu sammeln, der zweite Teil ist es dann, sich anzumelden und so weiter.

Durchhalten
Gehen Sie nicht mit einer rosa Brille an Ihr Ziel heran. Überlegen Sie schon bei der Zielsetzung, auf welche Schwierigkeiten Sie möglicherweise stoßen werden. So können Sie Probleme bewusst angehen. Wenn es zum Beispiel für eine Position, die Sie erreichen möchten, entscheidend ist, gut präsentieren zu können, Sie sich darin aber unsicher fühlen, können Sie rechtzeitig eine entsprechende Weiterbildung besuchen.

Wichtig ist es außerdem, dass Sie sich Ihr Ziel bildlich vorstellen. Das setzt unbewusst Emotionen frei, die Ihnen dabei helfen, Ihren Plan zu realisieren – auch wenn es einmal nicht gut läuft.

Lassen Sie sich nicht abschrecken und in Ihrem Ziel beirren, wenn etwas nicht klappt. Sehen Sie die gute Seite an Misserfolgen: Man kann aus ihnen lernen. Schauen Sie weiter nach vorne und feiern Sie jeden Erfolg, der sich einstellt. Belohnen Sie sich für das, was Sie erreicht haben. Das motiviert Sie für die weiteren Schritte.

Keine Angst vor Veränderung haben
Nicht jede Veränderung ist riesig. Es muss nicht gleich der Wechsel des Arbeitgebers sein oder ein Umzug in ein anderes Land. Auch kleine Neuerungen können eine große Auswirkung auf Ihre Zufriedenheit haben.

Haben Sie den Mut, Ihre Wünsche umzusetzen. Es hilft, wenn Sie dabei auf die Unterstützung Ihres privaten Umfeldes zählen können. Je größer der Wechsel sein soll, desto mehr Zeit sollten Sie sich mit der Realisierung lassen. Setzen Sie sich Etappenziele und sichern Sie sich möglichst ab. Kündigen Sie beispielsweise bei einem Arbeitgeberwechsel erst, wenn Sie den neuen Vertrag in der Tasche haben.

Was auch immer Sie sich vornehmen: Handeln Sie, werden Sie aktiv, nehmen Sie Ihr Leben in die Hand, damit Sie wieder Spaß an der Arbeit haben.

Link-Hinweis

www.zeitzuleben.de
Der Onlineratgeber gibt unter anderem Tipps, wie man sich selbst motivieren kann.

Schlechte Noten gibt es für den Durchschnittsarbeitsplatz vom Fraunhofer Institut für Arbeitswirtschaft und Organisation in Stuttgart (IAO). In einer Studie des IAO erreicht er hinsichtlich der Qualität nur einen Wert von 60,2 Prozent. Das schlägt sich auf die Leistung der Mitarbeiter nieder. Je besser der Arbeitsplatz gestaltet ist, desto höher ist die Produktivität der Arbeitnehmer, so das Fraunhofer Institut.

Einfluss auf die Arbeitsleistung haben demnach unter anderem die ergonomische Qualität von Stuhl und Schreibtisch, die Möglichkeiten zur Kommunikation und zum Rückzug, um konzentriert arbeiten zu können.

Ein Einzelbüro, das wär's. Doch immer mehr setzen sich Großraumbüros durch. Auch das Konzept des Desk-Sharing, bei dem Mitarbeiter gar keinen eigenen Schreibtisch mehr haben, ist nichts Ungewöhnliches mehr. Beides bietet für Unternehmen Kostenvorteile.

Viele ihrer Mitarbeiter würden allerdings gerne unter anderen Umständen arbeiten. Die Unruhe in Großraumbüros erschwert konzentriertes Arbeiten. Viele sehnen sich nach Rückzugsmöglichkeiten. Und nicht nur räumliche Gegebenheiten, auch Arbeitsstrukturen können hinderlich sein und an den Nerven zerren. Dazu gehören lästige Verwaltungsarbeiten, die überflüssig scheinen, ebenso wie Hierarchiewege, die eingehalten werden müssen. Beides kann zum verzweifelten Ruf »Ich kann so nicht arbeiten!« führen. Doch was tun, wenn der Arbeitsplatz nun mal so ist, wie er ist?

So wird es besser

Es macht keinen Sinn, sich tagtäglich über Dinge zu ärgern, die wir nicht ändern können. Das kostet unnötig Energie

und macht schlechte Laune. Wenn es ausschließlich Arbeits-
plätze im Großraumbüro gibt, muss man sich eben fügen.
Ebenso, wenn es vorgeschrieben ist, für bestimmte Vorgänge
Formulare auszufüllen. Es kommt darauf an, das Beste aus
der Sache zu machen und seine Einflussmöglichkeiten voll
auszuschöpfen.

Partner wählen
Zu den wichtigsten Einflussgrößen für die Zufriedenheit am
Arbeitsplatz gehören die Menschen, mit denen man zu tun
hat. Im privaten Leben sind sie einem (in der Regel) umso
sympathischer, je häufiger man sich sieht. Das ist im Job
leider nicht immer der Fall. Umso wichtiger ist es, die Nähe zu
denjenigen Kollegen zu suchen, mit denen man sich gut versteht. Gehen Sie auf Ihre netten Mitmenschen zu und bauen
Sie die Beziehungen zu ihnen aus. Verabreden Sie sich zum
gemeinsamen Mittagessen, unterstützen Sie einander bei
schwierigen Aufgaben und in heiklen Situationen. Bringen
Sie den Kollegen auch mal einen Kaffee mit. Diese kleinen
Gesten und gegenseitigen Gefallen werden wahrgenommen
und wirken sich positiv auf die Arbeitsatmosphäre aus.

Glück hat, wer Einfluss auf die Wahl seiner Schreibtisch-
nachbarn hat. Umgeben Sie sich mit den Kollegen, mit denen
Sie sich gut verstehen, und pflegen Sie Ihr gutes Nachbar-
schaftsverhältnis.

Vorschläge machen
Wenn Sie Ideen haben, wie sich Ihre Arbeitssituation verbessern lässt, so äußern Sie diese. Haben Sie Vorschläge, wie sich
die interne Bürokratie abbauen lässt? Oder haben Sie eine
Vorstellung, wie man etwas mehr Ruhe im Büro erreichen
kann?

Überlegen Sie, wer der beste Ansprechpartner für Ihre
Einfälle ist und in welchem Rahmen Sie diese gut äußern
können. Betrifft es das ganze Team, können Sie beim Vorgesetzten oder im Rahmen eines Teammeetings vorschlagen,

den Punkt »Organisatorisches« in die Tagesordnung auf-
zunehmen.

Vereinbarungen treffen
Was in Großraumbüros viele belastet, ist nicht nur der Lärm-
pegel. Auch die Unruhe durch das Umhergehen von Kollegen
und deren Besucher stören beim konzentrierten Arbeiten.
Häufig irritiert auch das Gefühl, ständig den Blicken anderer
ausgesetzt zu sein.

Gegen den Lärm und die Unruhe helfen Vereinbarungen
mit dem gesamten Team. Es gibt Menschen, die im größten
Trubel schwierigste Aufgaben lösen können. Die meisten jedoch brauchen zumindest ein gewisses Maß an Ruhe dafür.

Zum Glück lassen sich einige Unruhefaktoren auch im
Großraumbüro minimieren. Dazu gehört zum Beispiel das
»Arbeiten auf Zuruf«. Es ist eine der Unsitten in Großraumbüros, dass Fragen und Antworten einander quer über den
ganzen Raum zugeschrien werden. Zwei, die sich auf diese
Art »unterhalten«, belästigen damit alle anderen Kollegen.
Sprechen Sie dieses Problem in einer Teamsitzung an. Dasselbe gilt für Besuche. Regen Sie an, Besuchszeiten möglichst
auf die Nachmittage zu legen. Äußerst nervig können auch
private Telefongespräche sein. Es mag zunächst amüsant sein
zu hören, wie der Kollege mit seinem »Schnuckiputz« telefo-
niert, doch auf Dauer ist es lästig, bei derlei Privatheiten dabei
sein zu müssen.

Rückzugsmöglichkeiten organisieren
Auch in Großraumbüros gibt es die Möglichkeit, sich zumindest etwas abzugrenzen. So gibt es beispielsweise Stellwände,
die als Sichtschutz dienen. Kommen diese nicht in Frage,
kann auch eine Pflanze helfen.

Ideal ist es, wenn sich der Vorgesetzte davon überzeugen
lässt, einen zusätzlichen Raum für das gesamte Team zu organisieren. Hier können sich die Mitarbeiter zurückziehen,
wenn sie konzentriert arbeiten wollen oder telefonieren

müssen. Allerdings muss einer der Kollegen bereit sein, die Belegungszeiten zu koordinieren.

Eine andere Möglichkeit ist es, manche Arbeiten von zu Hause zu erledigen. Fragen Sie Ihren Vorgesetzten, ob er sich dies vorstellen kann.

Link-Hinweise

www.dgb-index-gute-arbeit.de

Die Gewerkschaften erfassen in einem Index die Arbeitsbedingungen in Deutschland. Über eine Onlineabfrage kann jeder selbst ermitteln, wie es um seine Arbeitsqualität steht.

www.iw.web-erhebung.de

Das Fraunhofer Institut für Arbeitswirtschaft und Organisation untersucht die Arbeitsgestaltung in deutschen Unternehmen. Auf der Webseite kann jeder seinen eigenen Arbeitsplatz bewerten lassen.

Führung

Führungsloch
Mein Chef führt gar nicht

Schwierigkeiten mit dem Chef zählen zu den häufigsten Ärgernissen im Berufsleben. Mehr als jeder Zweite ist mit seinem Vorgesetzten unzufrieden. Das zeigt eine Umfrage der Universität Bochum. 23 Prozent der Befragten vergaben sogar die schlechtestmögliche Bewertung.

Das ist nicht nur für die Mitarbeiter schwierig. Auch das Unternehmen selbst hat den Schaden, wenn in den Führungsetagen die Falschen sitzen. Denn das Verhalten des Chefs schlägt sich unmittelbar auf Motivation und Arbeitsleistung der Beschäftigten nieder, wie die Studie der Uni Bochum zeigt.

Die Fehler der Führungskräfte sind ganz unterschiedlich. Mal übt der Vorgesetzte zu viel Druck aus, mal geht ihm jegliche Autorität ab. Wenn Letzteres der Fall ist, wenn sich ein Chef als Führungsniete herausstellt, weil er seine leitende Funktion nicht ausübt, ist das für seine Mitarbeiter eine Katastrophe. »Warum?«, könnte man da fragen. »Sollen sie doch froh sein. So können sie tun und lassen, was sie wollen.« Doch diese Schlussfolgerung übersieht, dass Menschen einen Anspruch und Ansporn brauchen, um gut und mit Spaß zu arbeiten. Sie wollen wahrgenommen und gefordert werden und sie schätzen es, wenn sie bei ihrer Arbeit auf Unterstützung zählen können.

Ein Chef, der nicht führt, kann das reinste Chaos im Team verursachen. Typischerweise treten in so einer Situation Konflikte zwischen den Mitarbeitern auf. Manche glauben, sich mehr herausnehmen zu können als ihnen von ihrer Position her zusteht. Andere verabschieden sich in die innere Kündigung und tun nur noch, was ihnen beliebt – und das auf Kosten der Kollegen, die ihre Arbeit mitschultern müssen.

Ein Vorgesetzter, der keiner sein will, ist daher kein Segen, sondern ein Fluch. Was also tun?

So wird es besser

Füllt der Chef seine Rolle nicht aus, muss dieses Vakuum gefüllt werden. Sehen Sie es positiv: Es ermöglicht Ihnen, mehr Verantwortung zu tragen. Die Herausforderung ist, dabei zugleich die Hierarchie, die es nun einmal gibt, einzuhalten. Denn auch eine Führungsniete hat die Macht ihrer Position und sitzt im Konfliktfall am längeren Hebel.

Kollegen führen

Gegen aufmüpfige Kollegen hilft nur: sich wehren und Allianzen schmieden. Das bedeutet nicht, andere Kollegen zu mobben. Es geht darum, sich nichts gefallen zu lassen und zu verhindern, dass Einzelne der Gruppe auf der Nase herumtanzen. Dafür reicht es, Wichtigtuern Paroli zu bieten und sie in ihre Schranken zu weisen.

Ganz falsch wäre, sie gewähren zu lassen – nach dem Motto »Soll er sich doch aufspielen, wenn er meint«. Die Mitarbeiter eines Teams wissen sehr genau, wer die Arbeit voranbringt, wer gute Ideen und Vorschläge hat. Diese Kollegen gilt es zu stärken. Und das heißt: in Besprechungen und vor allem im Konfliktfall sich zu Wort zu melden und Position zu beziehen.

Verantwortung übernehmen

Eine schlimme Folge, wenn auf dem Chefsessel ein Führungsverweigerer sitzt, ist die Stagnation. Nichts geht voran, weil sich der Vorgesetzte nicht entschließen kann oder will. Das Team dreht sich im Kreis. Der einzige Ausweg ist: dem Chef Entscheidungen abnehmen. Ein schwacher Boss ist froh, wenn er Verantwortung abgeben kann.

Zum Beispiel kann man in Besprechungen, in denen es zum hundertsten Mal um dasselbe geht, anbieten, dass man sich gerne selbst darum kümmert und in der nächsten Sitzung über die Entwicklung berichtet. Andere Entscheidungen, die direkt das eigene Arbeitsgebiet betreffen, trifft man alleine – ohne auf ein Ja oder Nein des Chefs zu warten. Damit sollte man langsam anfangen, sich anfangs absichern, indem man den Chef informiert, und dann nach und nach immer mehr in Eigenregie durchziehen.

Den Chef bewerten

All das sind pragmatische Handlungsweisen, wie man mit einem schwachen Chef umgehen kann. An der Situation ändern sie nichts. Der Vorgesetzte ist, wie er ist, und wird vorerst auf seiner Position bleiben. Aber auch in diesem Punkt sind die Mitarbeiter nicht so machtlos, wie sie denken.

Ganz ohne Zweifel ist es eine heikle Situation: Wo soll man sich beschweren, wenn es um den eigenen Chef geht? Eigentlich ist doch er die Anlaufstelle, wenn es Probleme gibt. Ist er selbst das Problem, kann man beim Betriebsrat Rat suchen.

Ideal wäre, wenn man über diesen Weg durchsetzen könnte, dass eine 360-Grad-Befragung gemacht wird. Dieses Bewertungssystem setzen viele Unternehmen ein, um die Führungsqualität der Vorgesetzten zu überprüfen. Dabei werden an die Mitarbeiter Fragebogen verteilt, durch die sie anonym ihren Chef bewerten können. Stellen sie dem Vorgesetzten ein schlechtes Zeugnis aus, kommt es auf das Unternehmen an. Es muss die richtigen Konsequenzen ziehen. Zumindest eine Weiterbildung oder ein Coaching für den Vorgesetzten wäre angebracht. Verbessert sich danach an der Situation nichts, sollte seitens des Arbeitgebers über einen Wechsel in der Führungsetage nachgedacht werden.

Link-Hinweis

www.testentwicklung.de
An der Uni Bochum läuft eine Studie zum Führungsverhalten deutscher Chefs. An der Umfrage können Chefs und Mitarbeiter anonym im Internet teilnehmen.

Druck

Vorgesetzte sind auf ihre Mitarbeiter angewiesen. Sie brauchen sie, um ihre eigenen Ziele zu erreichen, die ihnen von höherer Stelle gesetzt werden. In den vergangenen Jahren ist der Druck in vielen Unternehmen gestiegen. Wenn die Firmenleitung immer mehr verlangt, gibt mancher Chef den Druck direkt an sein Team weiter.

Der einfache Mitarbeiter hat diese Möglichkeit nicht. Bei ihm stapelt sich die Arbeit und er muss irgendwie mit den überzogenen Erwartungen an seine Leistungskraft fertig werden. Manche Teams geraten so in einen regelrechten Strudel: Druck und Arbeit werden immer mehr, das Betriebsklima wird immer schlechter, der Job macht immer weniger Spaß.

Nicht jeder Vorgesetzte erkennt, dass das in eine Einbahnstraße führt: Auf Dauer leiden so die Leistungskraft und das Engagement der Mitarbeiter. Der darauffolgende verstärkte Druck kann nur kontraproduktiv sein. Manche Führungskräfte sehen zwar, dass permanente Überforderung nicht lange gut geht, wissen aber selbst keinen Ausweg.

Wer in einem Unternehmen arbeitet, in dem die Personalpolitik daraus besteht, kurzfristig immer mehr aus der Belegschaft herauszuholen und notfalls Mitarbeiter auszutauschen oder gar als sogenannte »Leistungsnieten« abzustempeln und zu kündigen, hat nur einen Ausweg: Er muss selbst sehen, wo er bleibt, und sich die Arbeit wieder erträglich gestalten.

So wird es besser

Wer etwas gegen permanente Überforderung tun möchte, muss Stärke beweisen und einen langen Atem haben. Ziel ist es, sich gegenüber dem Vorgesetzten zu behaupten, ohne deswegen seinen Ärger auf sich zu ziehen. Daher gilt für alle Empfehlungen, sie besonnen und nicht im Hauruckverfahren einzusetzen.

Klartext reden

Wenn Sie etwas gegen den Druck tun möchten, müssen Sie den Mund aufmachen und sich wehren. Weisen Sie Ihren Chef auf die Konsequenzen hin, wenn er Ihnen eine weitere Aufgabe überträgt. Dabei sollten Sie ganz sachlich und freundlich bleiben: »Wenn ich das übernehme, wird xy liegenbleiben/ länger dauern. Wie soll ich die Prioritäten setzen?« So zeigen Sie Grenzen und sichern sich zugleich ab. Der Vorgesetzte weiß nun, dass die Konsequenz seines neuen Auftrages ist, dass anderes länger dauert. Außerdem erkennt er, dass er es nicht mit einem Arbeitsroboter zu tun hat, der eine erledigte Aufgabe nach der anderen ausspuckt.

Kein Lemming sein

Fordert der Chef zu viel, ist in der Regel das gesamte Team betroffen. Das wirkt sich auf die Arbeitszeiten aus. Pünktlich geht niemand mehr. Überstunden sind selbstverständlich. Alle ackern, was das Zeug hält. Am längsten bleibt der Chef selbst, der oft bis tief in die Nacht und an den Wochenenden arbeitet. Wie soll man da als Einziger eher gehen? Die Antwort lautet: Gehen Sie einfach. Sie haben ein Recht auf Privatleben.

Lesen Sie dazu bitte die Tipps im Kapitel »Überstunden«.

Vorbeugen

In vielen Unternehmen gibt es regelmäßige Mitarbeitergespräche, bei denen Chef und Angestellter zusammenkommen. Sie halten Rückschau auf die geleistete Arbeit und vereinbaren gemeinsam Ziele für die kommenden Monate. Solche Gespräche sind ein guter Rahmen, um auch die Arbeitslast zu thematisieren. Zeigen Sie dabei Verständnis, dass die Aufgaben erledigt werden müssen. Aber weisen Sie auf die Konsequenzen hin: Auf Dauer wird die Arbeitsqualität leiden. Hier können Sie verallgemeinern und vom gesamten Team sprechen.

An der Reaktion des Chefs können Sie viel über ihn erfahren. Rennen Sie offene Türen ein, weil ihm das Problem und der enorme Druck bewusst sind? Oder blockt der Vorgesetzte ab, weil er nichts davon hören will? Im ersten Fall haben Sie einen Chef, der Verantwortung für seine Mitarbeiter übernimmt. Ideal ist es, wenn Sie selbst konkrete Lösungsvorschläge machen können. Im zweiten Fall bleibt Ihnen dagegen nichts, als den Vorstoß abzubrechen. Offenbar möchte der Chef nicht darüber reden oder sieht die Dinge anders. Zeigen Sie sich also weiter leistungsbereit, um nicht den Stempel »leistungsunwillig« und »faul« aufgedrückt zu bekommen. Vielleicht haben Sie aber dann die Möglichkeit, sich auf ein bestimmtes Arbeitsgebiet zu konzentrieren, das überschaubarer ist, wo Sie eigenverantwortlicher handeln können und wo nicht ständig neue Aufgaben auf Sie einprasseln. Überlegen Sie sich diese Option bereits vor dem Gespräch, damit Sie einen konkreten Vorschlag machen können.

Link-Hinweis

www.kununu.com

Auf dieser Webseite bewerten Mitarbeiter anonym ihre Arbeitgeber nach verschiedenen Kriterien (darunter auch: Wie ist der Chef, wie sind die Kollegen?).

Ignoranz
Merkt überhaupt einer, was ich schaffe?

Es gibt Mitarbeiter, die laufen siegesbewusst mit vor Stolz geschwellter Brust durch die Büroflure und feiern auch kleinste Erfolge so laut, dass es niemand (vor allem der Chef nicht) überhören kann. Selbst alltägliche Arbeitsergebnisse tragen sie demonstrativ zur Schau. Da Sie dieses Kapitel lesen, ist anzunehmen, dass Sie nicht zu diesen Naturen gehören. Eher sind Sie wohl dem Lager der fleißigen Arbeitsbienen zuzuordnen, ohne die kein Betrieb funktionieren würde. Sie können also mit Recht stolz auf sich sein.

Doch es gäbe nicht so viele Karriereratgeber, wenn es mit guter Arbeit allein schon getan wäre. Wer still vor sich hinarbeitet und ohne Aufhebens eine Aufgabe nach der anderen erledigt, geht im Alltagsgeschäft unter und führt im Schatten strahlender Helden ein Mauerblümchendasein. Zur guten Arbeit gehört im Büro, dass sie auch als solche erkannt wird. »Marketing in eigener Sache« heißt das im Karrieredeutsch.

Manche Vorgesetzte nehmen bescheidene Mitarbeiter gar nicht wahr. Andere erkennen durchaus, was sie an ihren Leistungen haben. Sie sehen nur keinen Handlungsbedarf, dies in Form einer Gehaltserhöhung oder Karriereoption zu demonstrieren. Solange der Mitarbeiter weiter seine Leistungen bringt, ohne auf sich aufmerksam zu machen oder etwas zu fordern, steht er nicht im Fokus der Aufmerksamkeit.

So wird es besser

Halten Sie Ihre Leistung und Ihr Engagement nicht weiter für selbstverständlich. Sie sind es nicht. Es gibt genug Mitarbeiter, die Dienst nach Vorschrift machen oder mehr für den Schein tun, als Arbeit wegzuschaffen. Fangen Sie an, selbstbewusster mit Ihren Arbeitsergebnissen umzugehen.

Öffentlichkeitsarbeit betreiben

Hören Sie damit auf, Ihre Leistung weiter zu verstecken. Kommunizieren Sie es, wenn Sie gut gearbeitet haben. Freuen Sie sich offen darüber, wenn Sie ein Projekt erfolgreich abgeschlossen haben oder einen Auftrag an Land gezogen haben. Jeder Ihrer Kollegen kennt das frohe Gefühl, wenn etwas geklappt hat. Lassen Sie sich gegenseitig daran teilhaben. Schließlich profitiert das gesamte Team von den Erfolgen der einzelnen Mitarbeiter.

Manchmal ist Reden Gold und Schweigen Silber. Sind Ihnen Meetings verhasst, weil sie Sie davon abhalten, Ihre Arbeit zu erledigen? Mit diesem Gefühl sind Sie nicht allein. Nutzen Sie dennoch die Möglichkeiten, die Ihnen die Zusammenkünfte bieten. Wenn Sie schweigend dabeisitzen, immer auf die Uhr schielend, wann die Sitzung endlich vorbei ist, und kein Wort verlauten lassen, weil sowieso schon genug Beiträge fallen, die das Meeting unnötig in die Länge ziehen, tun Sie sich keinen Gefallen. Sie werden so nicht wahrgenommen.

Beteiligen Sie sich stattdessen an der Besprechung. Machen Sie Vorschläge und untermauern Sie diese mit Ihrer Erfahrung und Ihren Erfolgen – zum Beispiel indem Sie sagen: »Ich schlage vor, folgendermaßen vorzugehen … Ich habe damit beim Projekt xy sehr gute Erfahrungen gemacht.«

Sich ins Gespräch bringen

Weiß Ihr Chef, was er an Ihnen hat? Wenn nicht, lassen Sie es ihn wissen. Benennen Sie auch in Einzelgesprächen mit Ihrem Vorgesetzten, was Ihnen in der Vergangenheit gelungen ist, was Sie noch vorhaben und für das Team und Unternehmen beitragen möchten. Zeigen Sie ihm, was in Ihnen steckt. Wenn es in Ihrem Unternehmen regelmäßige Mitarbeitergespräche gibt, sind diese der richtige Rahmen, um die eigenen Leistungen zu kommunizieren. Gibt es dieses Instrument der Mitarbeiterführung nicht, so bitten Sie Ihren Vorgesetzten von sich aus um ein Gespräch, in dem Sie sich mit ihm über Ihre weitere Entwicklung im Unternehmen unterhalten können.

Häufig tragen Chefs, auch wenn sie um die Leistungen und Verdienste ihres Mitarbeiters wissen, diesem Karriereperspektiven nicht von sich aus an. Sie sind froh, einen zuverlässigen Mitarbeiter zu haben, und sehen selbst keinen Handlungsbedarf. Sagen Sie Ihrem Vorgesetzten, dass Sie an weiteren Aufgaben interessiert sind und sich zum Beispiel auch vorstellen können, ein Projekt zu leiten oder Mitarbeiter zu führen.

Wenn Sie wissen, dass eine bestimmte Position frei wird, an der Sie Interesse haben, so warten Sie nicht, ob Ihr Vorgesetzter sie Ihnen andient. Machen Sie den ersten Schritt und bekunden Sie Ihr Interesse.

Bereiten Sie sich gut auf dieses Gespräch vor, schließlich geht es darum, den Chef davon zu überzeugen, dass Sie die richtige Frau/der richtige Mann für diese Position sind. Sie sollten gute Argumente parat haben und die folgenden Fragen aus dem Effeff beantworten können: Warum trauen Sie sich die Aufgabe zu? Was möchten Sie in dieser Position für das Unternehmen erreichen? Wie gehen Sie mit der höheren Verantwortung um?

Link-Hinweis

www.geva-institut.de

Es gibt im Internet verschiedene psychologische Testverfahren, mit denen Sie Ihre Fähigkeiten zum Selbstmarketing überprüfen können. Diese sind in der Regel kostenpflichtig, so wie dieses Angebot des Geva-Instituts. Sie erreichen den Test, wenn Sie auf »Berufs- und Karriereplanung« klicken, dann auf »Jobwechsel und Wiedereinstieg«.

Es ist eines der typischen Mankos von Chefs, dass sie keine Anerkennung aussprechen. Auf die Zusammenarbeit wirkt sich das schnell negativ aus. Mangelndes Lob ist laut den Studien des Gallup-Instituts zur Motivation von Mitarbeitern einer der Hauptgründe für Frust im Job.

Vielen Führungskräften ist nicht bewusst, welch motivierende Wirkung ein einfaches »Danke« haben kann und wie sehr sich die Mitarbeiter verprellt fühlen, wenn es auf Dauer ausbleibt. Häufig sind sie selbst sehr karriere- und zielorientiert, denken immer an den nächsten Schritt und halten sich nicht lange bei dem bereits Erreichten auf.

Diese Einstellung überträgt sich auf den Umgang mit den Mitarbeitern. Überdurchschnittlicher Einsatz und herausragende Arbeitsergebnisse gelten als selbstverständlich. Statt zu loben, fordert der Chef immer mehr. Auf diese Weise fühlen sich selbst engagierte Mitarbeiter auf Dauer frustriert. Sie haben den Eindruck, dass ihre Arbeit und ihr Einsatz nicht gewürdigt werden, und fragen sich, warum sie weiterhin so viel geben sollen.

So wird es besser

Wer auf das Lob anderer wartet, macht sich abhängig. Seien Sie autark. Ziehen Sie Befriedigung aus dem, was Sie tun und wie Sie es tun. Und machen Sie es besser: Loben Sie selbst, wenn der Chef es schon nicht macht.

Sich arrangieren
Wenn Sie sich durch ausbleibendes Lob verletzt oder verunsichert fühlen, beobachten Sie, wie sich Ihr Chef gegenüber Ihren Kollegen verhält. Ist er bei ihnen genauso sparsam

mit Worten der Anerkennung? Falls ja, ist Ihr Vorgesetzter offenbar ein »Danke-Muffel« und es gibt keinen Grund, sein Verhalten persönlich zu nehmen. Das trifft das ganze Team und ist nicht gegen Sie gerichtet.

Falls nein, ist die Lage schwieriger. Überlegen Sie, woran es liegen könnte, dass Ihr Chef Ihnen nicht dieselbe Anerkennung zuteilwerden lässt wie den Kollegen. Müssen Sie ihn erst von Ihren Leistungen überzeugen?

Wie Sie das schaffen, lesen Sie im Kapitel »Ignoranz«.

Sich selbst loben

Ein Vorgesetzter, der nicht lobt, nimmt in der Regel auch sonst wenig persönlichen Anteil an seinen Mitarbeitern. Er zeigt kein Interesse an seinem Team, nicht mal Glückwünsche zum Geburtstag gibt es. Das bedeutet nicht, dass sich das gesamte Team diesem Umgangston anpassen muss.

Steuern Sie gegen. Freuen Sie sich mit Ihren Kollegen, wenn etwas gut gelingt. Gönnen Sie sich eine kurze Verschnaufpause, bevor Sie sich nach einer gelungenen Arbeit in die nächste stürzen. Machen Sie sich bewusst, was Sie geschafft haben, und seien Sie stolz darauf. Sie können davon ausgehen, dass auch Ihr Chef Ihre Arbeit zu würdigen weiß, er spricht es nur nicht aus. Wäre er unzufrieden, würden Sie das schnell erfahren.

Sprechen Sie auch mit Ihnen nahestehenden Personen im Freundes- und Verwandtenkreis über Ihre Arbeit. Lassen Sie sie teilhaben, wenn Ihnen im Job etwas gut gelingt. Sie werden sich mit Ihnen freuen.

Von unten führen

Ihr Chef verzichtet nicht absichtlich auf Lob. Wenn er wüsste, welch negative Auswirkungen das Fehlen dieser kleinen Geste auf die Motivation seiner Mitarbeiter hat, würde er erschrecken. Er macht schlicht den Fehler, sein Verhalten und dessen Folgen nicht ausreichend zu analysieren.

Sie werden aus Ihrem Vorgesetzten keinen anderen Men-

schen machen können, aber Sie können Einfluss auf sein Verhalten nehmen. Wenn das Miteinander unter den Kollegen
herzlich ist und Sie auf Ihren Vorgesetzten offen und freundlich zugehen, trägt das zu einer angenehmen Atmosphäre bei.

Machen Sie Ihrem Chef vor, wie es geht: In Besprechungen
und in Gesprächen mit dem Chef können sich auch Mitarbeiter lobend übereinander äußern – natürlich nur, soweit
das berechtigt ist.

Link-Hinweis

www.psychotipps.com/eigenlob.html
Hier gibt es Tipps, wie man sich selbst richtig lobt.

Team

Mobbing
Ich werde fies behandelt

Eine Million Deutsche werden momentan an ihrem Arbeitsplatz gemobbt. Auf das ganze Berufsleben gerechnet, sind elf Prozent aller Beschäftigten direkt von Mobbingattacken betroffen. Vorgesetzte spielen dabei eine unrühmliche Rolle: In fast 40 Prozent aller Mobbingfälle gehen die Angriffe ausschließlich vom Chef aus. In zwölf Prozent der Fälle mobbt der Chef gemeinsam mit Kollegen. Das zeigt der ›Mobbing-Report‹, eine Studie, die von der Bundesanstalt für Arbeitsschutz und Arbeitsmedizin erstellt wurde.

Mobbingopfern wird der Berufsalltag zur Hölle. Es geht um mehr, als dass sie nicht zum gemeinsamen Gang in die Mittagspause aufgefordert werden. Sie werden vom Team ausgegrenzt und gedemütigt. Ihnen wird tagtäglich gezeigt, dass sie nicht dazugehören und ihre Leistung (angeblich) ungenügend ist. Ihre Rolle hängt ihnen immer an. Wenn sie beispielsweise in Besprechungen etwas beitragen, wird ihr Vorschlag von vornherein abgewertet, nur weil er von ihnen kommt. Dabei kann ihr Beitrag objektiv noch so gut sein. Auch in Einzelgesprächen zeigen Kollegen und Chef mehr oder weniger, dass ihnen Rückfragen und Vorschläge eher lästig sind.

Es gibt Arbeitsbedingungen, die das Entstehen von Mobbing begünstigen. Das bedeutet aber nicht, dass dieses zu entschuldigen wäre. Mobbing kann gut gedeihen, wenn im Unternehmen der Arbeits- und Konkurrenzdruck sehr hoch sind, wenn Konflikte nicht gelöst, sondern mitgeschleppt werden, wenn die Mitarbeiter wenig Einfluss auf ihre Arbeit haben und der Vorgesetzte mehr Feind als Vorbild ist.

Die Mobber selbst haben unterschiedliche Motive. Auslöser für ihre Schikanen können beispielsweise Neid, übertriebener Ehrgeiz oder Frust sein.

Das Schlimme am Mobbing ist, dass der Betroffene früher

oder später anfängt, an sich selbst zu zweifeln, und keinen Ausweg aus seiner Situation sieht.

Wenn der Chef selbst mobbt, hat es der betroffene Mitarbeiter besonders schwer. Denn eigentlich wäre ja der Vorgesetzte die Person, an die er sich vertrauensvoll wenden kann, wenn er Schwierigkeiten hat. Außerdem hat der Boss Möglichkeiten, die selbst den fiesesten Kollegen verwehrt sind. Er kann einem unerwünschten Mitarbeiter Aufgaben entziehen, ihm einen Arbeitsplatz zuweisen, an dem übliche Kommunikationsmittel wie Telefon oder Computer fehlen, oder ihn zu Besprechungen gar nicht mehr einladen.

Für die Betroffenen bedeutet Mobbing nicht nur, einen schlechten Arbeitstag zu haben. Mobbing wirkt sich auch auf ihre Gesundheit und ihr Privatleben aus.

So wird es besser

Wer Mobbing ausgesetzt ist, muss unbedingt etwas dagegen tun. Von alleine wird die Situation nicht besser, nur schlimmer. Mobbing ist ein so schwerwiegendes Problem, dass Sie auf jeden Fall Unterstützung suchen sollten.

Frühzeitig Gegenmaßnahmen ergreifen
Zu den wichtigsten Verhaltensregeln gehört es, sich möglichst früh gegen das Mobbing zu wehren. Das ist leichter gesagt als getan. Denn häufig bekommt der Gemobbte den Anfang der Ausgrenzung gar nicht mit, weil sie hinter seinem Rücken stattfindet. Sobald jedoch erste Anzeichen spürbar werden, gilt es zu handeln. Ansonsten besteht die Gefahr, dass sich Kollegen anstecken lassen, das Mobbing weitere Kreise zieht und sich verfestigt.

Eine Unterredung suchen
So schwer es fallen mag: Ein klärendes Gespräch mit dem Mobber muss sein. Möglicherweise liegt seinen Schikanen

ein ungelöster Konflikt zugrunde, den man gemeinsam aus-
räumen kann. Außerdem zeigt man so, dass man sein Verhalten nicht hinnimmt.

Gehen Sie auf den Betreffenden zu und fragen Sie ihn,
ob er Zeit für ein Vieraugengespräch hat. Darin sollten Sie
benennen, was Ihnen aufgefallen ist. Es kann sein, dass der
Kollege alles abstreitet oder sogar versucht, Sie als überemp-
findlich darzustellen. Überlegen Sie sich bereits im Voraus,
wie Sie darauf reagieren. Zeigen Sie ihm Grenzen (zum Beispiel, indem Sie sagen: »Wenn ich noch einmal den Eindruck
habe, dass ich ausgegrenzt werde, bin ich nicht bereit, das zu
akzeptieren.«) und fassen Sie bereits einen Entschluss, welche Konsequenzen Sie dann ziehen werden. Das kann zum
Beispiel sein, dass Sie sich vornehmen, im Wiederholungs-
fall ein Gespräch mit Ihrem Vorgesetzten zu suchen oder
sich beim Betriebsrat zu informieren, wie und wer Sie unterstützen kann.

Macht Sie der Mobber vor Kollegen oder dem Chef nieder,
sollten Sie ihm sofort Paroli bieten. Widersprechen Sie ihm
vor den Anwesenden, wenn er Unwahrheiten verbreitet. Und
wehren Sie sich, wenn er Vorschläge oder Redebeiträge ins
Lächerliche zieht. Bleiben Sie dabei sachlich und ruhig, vermeiden Sie emotionale Reaktionen.

Auch wenn Sie den Eindruck haben, vom Vorgesetzten
selbst gemobbt zu werden, sollten Sie ein klärendes Gespräch
suchen. Hier gilt es sehr vorsichtig zu sein. Überlegen Sie,
was die Ursache des Mobbings sein könnte. Ist der Chef womöglich selbst unter Druck und sucht einen Sündenbock, an
dem er das auslassen kann? Gibt es einen ungelösten Konflikt
mit ihm, der Auslöser für das Mobbing gewesen sein könnte?
Hat man ihn vielleicht – möglicherweise unbewusst – einmal
vor anderen kritisiert und trägt er einem dies nach? Nimmt
er es übel, dass man oft pünktlich gehen muss, etwa um das
Kind vom Hort abzuholen, während das Team unter Arbeit
geradezu zusammenbricht?

Wichtig ist, das Gespräch nicht mit Vorwürfen und Anschuldigungen gegen den Chef zu spicken, sondern ruhig die eigene Wahrnehmung zu schildern, zum Beispiel, indem man direkt eine konkrete Situation anspricht: »Ich habe das Gefühl, dass Sie mit meiner Leistung beim Projekt xy nicht zufrieden waren. Wie könnte ich das in Zukunft besser machen?« Es kommt darauf an, die Erwartungshaltung des Vorgesetzten zu ermitteln und gemeinsam eine Lösung zu finden. Ziel muss es sein, einen Konflikt aus der Welt zu schaffen, bevor er zu Mobbing führen kann. Daher ist es so wichtig, frühzeitig das Gespräch zu suchen. Wenn der Chef zum Beispiel mehr Bereitschaft zu Überstunden fordert, man aber wegen privater Verpflichtungen pünktlich gehen muss, könnte der Kompromiss lauten, Arbeit mit nach Hause zu nehmen oder an einem bestimmten Tag länger zu bleiben.

Wenn das Gespräch wenig harmonisch verläuft, machen Sie sich keine Vorwürfe. Wichtig ist, dass Sie es versucht haben. Bleiben Sie dabei, sich zu wehren, und suchen Sie Hilfe *(siehe S. 101).*

Unterstützung einholen
Wenn das Mobbing von Kollegen ausgeht und ein Gespräch erfolglos war, sollten Sie Ihren Vorgesetzten einbeziehen. Sprechen Sie mit ihm unter vier Augen über die schwierige Situation, die für Sie entstanden ist. Nennen Sie die Vorfälle, die Ihnen das Arbeiten erschweren, und bitten Sie ihn um Unterstützung, um den Konflikt zu lösen. Bleiben Sie dabei sachlich und verfallen Sie nicht in emotionsgeladene Beschuldigungen. Hilfreich kann es sein, ein Protokoll zu haben, auf dem Sie die Vorkommnisse neutral vermerkt haben.

Es ist zu hoffen, dass der Vorgesetzte mit dem Thema Mobbing klarkommt und dem Team vermittelt, dass er dieses Verhalten nicht akzeptiert. Es kann aber auch sein, dass er mit eine Ursache des Übels ist. Das ist vor allem dann der Fall, wenn er selbst nicht mit Konflikten umgehen kann.

Kommen Sie beim Chef nicht weiter, wenden Sie sich spätestens jetzt an professionelle Beratungsstellen. Mobbing-

opfer sind nicht allein. Da das Phänomen erschreckender-
weise so weit verbreitet ist, gibt es mehrere Anlaufstellen für
Betroffene. Falls es einen Betriebsrat im Unternehmen gibt,
sollte man sich an diesen wenden. Der Betriebsrat kann auch
als Vermittler im Konflikt auftreten und beispielsweise bei
Gesprächen mit dem Vorgesetzten dazugebeten werden.

Wer diese Möglichkeit nicht hat, kann Rat bei der zuständigen Gewerkschaft suchen. Sie bieten zudem Mitgliedern
Rechtsschutz, falls es zu einer gerichtlichen Auseinandersetzung kommt.

Außerdem gibt es Selbsthilfegruppen und sogenannte Mob-
bingtelefone, wo Betroffene anrufen können. Die Bundesanstalt für Arbeitsschutz und Arbeitsmedizin bietet im Internet einen Ratgeber kostenlos zum Download an *(siehe S. 101)*.

Protokoll führen
Wer Mobbingopfer ist, sollte Buch führen über die Attacken,
denen er ausgesetzt ist, und sie schriftlich festhalten. Das
kann später, falls es zu einer gerichtlichen Auseinandersetzung kommt, entscheidend sein. Protokollieren Sie die Vorfälle mit Datum und notieren Sie sich, wenn es Zeugen gab.

Sich nicht fertigmachen lassen
Entscheidend ist zu wissen: Es gibt keinen Grund, an sich zu
zweifeln. Mobbingopfer sind nicht schuld an dem Verhalten,
das Kollegen und Chef an den Tag legen. Es hat nichts mit
ihrer tatsächlichen Arbeitsleistung zu tun. So kann ein Mitarbeiter, der in einem anderen Unternehmen oder unter einem anderen Chef als vorbildliche Kraft galt, in einem neuen
Team plötzlich mit Mobbing konfrontiert sein.

Egal ob der Chef oder Kollegen mobben: Lassen Sie das
Mobbing nicht Ihren Arbeitstag und Ihr Leben bestimmen.
Konzentrieren Sie sich in der Arbeit auf das, was gut läuft, und
auf die Menschen, mit denen Sie sich gut verstehen. Sie sollten
über Ihr Problem auch mit Ihrem Partner und guten Freunden
sprechen. Das tut gut und Sie werden überrascht sein, wie

viele im Laufe ihres Lebens schon Ähnliches durchgemacht haben. Sorgen Sie im Privaten außerdem für Abwechslung und unternehmen Sie etwas, damit Sie abschalten können.

Job wechseln
Meistens endet ein Mobbingfall mit einer Änderung des Arbeitsverhältnisses. Sei es, dass es die Mobber schaffen, ihr Opfer so zu diskreditieren, dass es abgemahnt oder gar gekündigt wird. Sei es, dass der Gemobbte aus Verzweiflung selbst kündigt.

Letzteres kann der richtige Weg sein, wenn alle Bemühungen, die Situation zu entschärfen, erfolglos sind. Doch auf jeden Fall muss man vor diesem Schritt, so schwer es auch fallen mag, einen kühlen Kopf bewahren. Kündigen Sie nicht selbst, ohne eine neue Stelle fest zugesichert zu haben. Und achten Sie darauf, dass Sie ein gutes Zeugnis bekommen. Darauf haben Sie einen Anspruch. Ein Zeugnis muss wohlwollend geschrieben sein und darf den Mitarbeiter nicht in ein schlechtes Licht rücken. Am besten Sie lassen sich beraten, zum Beispiel durch den Service von Gewerkschaften oder von professionellen Zeugnisberatern *(siehe unten)*.

Machen Sie von Ihrem Recht Gebrauch, sich gegen das Mobbing vor Gericht zu wehren. Mobbingopfer können Schadenersatz geltend machen. Ein finanzieller Ausgleich ist keine wirkliche Entschädigung für die erlittenen Demütigungen. Doch er steht Ihnen zu und er zeigt allen Beteiligten, dass Mobbing eine Straftat und kein Kavaliersdelikt ist.

Link-Hinweise

www.arbeitszeugnis.de
Das Unternehmen Personalmanagement Service GmbH bietet kostenpflichtige Zeugnisanalysen an. Wer das Geld nicht investieren will: Auf der Webseite gibt es auch viele kostenlose Informationen und Tipps.

www.dgb.de/themen/mobbing

Der Deutsche Gewerkschaftsbund informiert über das Thema Mobbing und nennt Anlaufstellen in den verschiedenen Bundesländern.

www.fairness-stiftung.de

Die Fairness Stiftung hilft Führungskräften bei Mobbing am Arbeitsplatz.

www.wenn-keiner-gruesst.de

Die Bundesanstalt für Arbeitsschutz und Arbeitsmedizin informiert über Konflikte und deren Bewältigung am Arbeitsplatz.

Disharmonie
Bei uns gibt es ständig Streit

Streit hat zu Unrecht ein negatives Image. Wer mit Konflikten richtig umgeht, kann durch sie lernen und die Zusammenarbeit mit den Kollegen verbessern. Schwierig wird es nur dann, wenn Konflikte ungelöst bleiben, verdrängt werden und die beiden Streitparteien keinen gemeinsamen Ausweg finden. Dann können Auseinandersetzungen die Teamarbeit gravierend stören.

Manche Vorgesetzte tragen dazu bei, die Situation zu verschärfen. Sie interessieren sich nicht für die Befindlichkeiten ihrer Mitarbeiter und ignorieren Spannungen. Oder sie stecken zwei Kollegen, von denen alle wissen, dass sie nicht miteinander können, in dasselbe Projekt und wundern sich, wenn die Arbeit nicht vorangeht.

Schwierig ist es auch, wenn Unternehmen zu sehr auf individuelles Leistungsdenken setzen statt alle auf eine gemeinsame Aufgabe einzuschwören und gegenseitige Unterstützung zu fördern. Auch eine zu hohe Arbeitslast ist dem Teamgedanken abträglich. Wer sich Tag für Tag erfolglos müht, einen enormen Aufgabenberg abzuarbeiten, hat keine Energie mehr, andere zu unterstützen und über seinen Tellerrand hinaus zu denken. In einer solchen Arbeitsatmosphäre sind Konflikte vorprogrammiert.

So wird es besser

Entscheidend ist es, Konflikte so auszutragen, dass die Beteiligten eine Lösung finden, die beide akzeptieren können. Dazu gehört auch: nicht aus einer Mücke einen Elefanten zu machen. Reagieren Sie der Situation angemessen und lernen Sie, richtig zu streiten.

Kühlen Kopf bewahren

Wenn Sie selbst am Konflikt beteiligt sind, gilt: Lassen Sie sich im Job und in Beziehungen zu Kollegen (und Vorgesetzten) nicht von Ihren Emotionen hinreißen. Ganz schlecht ist es, bei Ärger spontan auf Angriff zu setzen, etwa loszuschreien, mit den Türen zu knallen oder eine wütende Mail zu schreiben und abzuschicken. Ein solches Verhalten wird Ihnen vermutlich nicht nur selbst im Nachhinein peinlich sein. Es verschärft auch den Konflikt unnötig und ist Ihrem Ansehen bei Chef und Kollegen nicht gerade förderlich.

Wenn es Ihnen schwerfällt, spontanen Ärger unter Kontrolle zu halten, versuchen Sie Abstand zu dem Streitpartner zu gewinnen. Schlagen Sie vor, sich erst einmal zu trennen und später in Ruhe über das Problem zu sprechen. Das gibt Ihnen Zeit, über die Konfliktursache nachzudenken und Lösungen zu überlegen.

Typisch für einen Streit ist, dass wir unseren Unmut von dem eigentlichen Anlass auf die gesamte Person übertragen. Plötzlich sehen wir den Menschen, mit dem wir uns sonst gut verstehen oder bei dem wir bestimmte Eigenschaften schätzen, nur noch negativ. Wenn Sie sich in der Konfliktsituation auch die guten Seiten des Streitpartners vor Augen führen, wird Ihr Ärger abnehmen und der Konflikt nicht unnötig eskalieren.

Eine Aussprache nicht scheuen

Kehren Sie Meinungsverschiedenheiten und Reibereien nicht unter den Teppich. Das mag kurzfristig einen vermeintlichen Frieden sichern. Langfristig wird der Konflikt aber ohnehin zu Tage treten und er wird eskalieren. Wenn der angestaute und unterdrückte Ärger ausbricht, sind die Reaktionen auf beiden Seiten deutlich stärker als ursprünglich.

Wenn es einen Konflikt mit einem Kollegen gibt, kümmern Sie sich so früh wie möglich um dieses Problem. Gehen Sie aufeinander zu und finden Sie gemeinsam eine Lösung.

Sachlich bleiben

Jeder Streit hat zwei Ebenen: eine sachliche und eine persönliche. Verlieren Sie die sachliche Ebene nicht aus dem Blick. Auch wenn Sie sich beleidigt oder angegriffen oder ausgenützt fühlen: Konzentrieren Sie sich auf die unterschiedlichen Standpunkte und versuchen Sie gemeinsam eine Lösung zu erarbeiten, die beiden Parteien gerecht wird und bei der niemand das Gesicht verlieren muss.

Machen Sie sich auch bewusst, dass immer zwei zu einem Konflikt gehören. Es ist nicht nur der andere schuld. Überlegen Sie, wo Ihr Anteil am Streit liegt.

Nicht alles persönlich nehmen

Ein Streit entsteht häufig aus einem nichtigen Anlass. Oft ist sich einer der Beteiligten gar keiner Schuld bewusst. Legen Sie nicht jede Bemerkung auf die Waagschale. Manchmal ist etwas ungeschickt formuliert, aber deswegen nicht böse gemeint.

Lernen, richtig zu streiten

Jeder streitet. Aber die wenigsten streiten richtig. Sie lassen sich im Streit zu einer Menge Anschuldigungen hinreißen, kommen vom Hölzchen aufs Stöckchen und am Ende hat der Streit mit dem eigentlichen Auslöser überhaupt nichts mehr zu tun.

Bleiben Sie bei der Sache und vermeiden Sie die sogenannten Du-Botschaften. Statt den anderen zu beschuldigen (»Du hilfst mir nie, wenn ich dich etwas frage«), sprechen Sie aus, wie es Ihnen selbst geht: »Ich fühle mich alleingelassen, wenn ich um Rat frage und keine Antwort erhalte.«

Zeigen Sie möglichst neutral Ihrem Gegenüber die logischen Konsequenzen seines Verhaltens auf. Zum Beispiel: »Wenn ich das Gefühl habe, ausgenutzt zu werden, ärgert mich das und darunter leidet unser Arbeitsverhältnis.«

In sich gehen
Aufschlussreich ist es, dem eigenen Anteil an dem Konflikt nachzuspüren: Warum ärgere ich mich so oft über diese oder jene Person? Warum bringen mich bestimmte Verhaltensweisen so sehr auf die Palme? Wie kann ich künftig damit umgehen? Im Streit tendieren wir dazu, den anderen ändern zu wollen. Das ist wenig erfolgversprechend. Daher ist es wichtig, über das eigene Verhalten nachzudenken: Wie kann ich selbst handeln, damit ich mich nicht mehr ärgern muss?

Sich raushalten
Wenn Sie selbst am Konflikt nicht beteiligt sind, sollten Sie vorsichtig sein. Mischen Sie sich nicht vorschnell ein und ergreifen Sie nicht voreilig Partei. Wenn einer der beteiligten Kollegen Sie um Unterstützung bittet, bemühen Sie sich, neutral zu bleiben, und lassen Sie sich nicht dazu verleiten, gemeinsam über den Dritten herzuziehen. Das hilft niemandem. Außerdem wird auch die Gegenseite überzeugende Gründe für den Konflikt haben. Raten Sie zu einer Aussprache.

Notfalls Ellenbogen ausfahren
Ist der Konkurrenzdruck in einem Team sehr hoch, entsteht schnell Streit. Meist gibt es Kollegen, die nur noch auf ihr eigenes Fortkommen achten. Häufig wird der Fehler gemacht, dass sich Kollegen zwar über egoistische Teammitglieder ärgern und es deswegen auch zum Streit kommt, die tatsächliche Ursache aber nicht ausgesprochen wird. Nehmen Sie teamwidriges Verhalten nicht hin. Gehen Sie dem Konflikt nicht aus dem Weg. Er wird dadurch nur schlimmer.

Wenn sich in einem Team bereits die Ellenbogenmentalität breitmachen konnte, überlassen Sie die Bühne nicht der Selbstdarstellung Ihrer Kollegen. Zeigen Sie, was Sie draufhaben. Melden Sie sich in Besprechungen zu Wort, bringen Sie Vorschläge ein und verweisen Sie, wenn es angebracht ist, auf Ihre persönlichen Arbeitsergebnisse. Halten Sie sich nicht mit falscher Bescheidenheit zurück.

Das gilt auch für die Gespräche mit dem Vorgesetzten. Vor allem, wenn es in Ihrem Unternehmen das System der Leistungsbezahlung gibt. Ihre Bewertung hängt davon ab, ob und wie der Chef Ihre Arbeitsergebnisse einschätzt. Sorgen Sie dafür, dass er Ihren Einsatz und Ihre Leistungen überhaupt wahrnimmt. Bereiten Sie sich sehr gut vor, wenn Sie ein Vieraugengespräch mit dem Vorgesetzten haben. Halten Sie vorher für sich schriftlich fest, was Ihnen in den vergangenen Monaten gut gelungen ist und wie Sie sich weiter einbringen möchten.

Weitere Hinweise lesen Sie in den Kapiteln »Ignoranz« und »Leistungsbezahlung«.

Zusammenhalten

Lassen Sie sich die Freude an Teamarbeit nicht durch die schlechte Stimmung nehmen. In der Regel besteht nicht das gesamte Team aus Streithähnen. Halten Sie sich an die Kollegen, mit denen sich gut zusammenarbeiten lässt.

Profis engagieren

Haben sich Konflikte im Team schon so verfestigt, dass eine Lösung unmöglich scheint, sollte über externe Hilfe nachgedacht werden. Es gibt professionelle Mediatoren, die nichts anderes tun, als Streit zu schlichten. Manche Teams oder Mitarbeiter suchen auch die Unterstützung von Kommunikationspsychologen.

Empfehlenswert ist es, sich intensiver mit der Psychologie von Konflikten zu befassen. Ein guter Einstieg ist zum Beispiel das Buch ›Psychologisches Konfliktmanagement‹ von Annegret Hugo-Becker und Henning Becker *(siehe S. 222)*.

Alternativen in Erwägung ziehen

Wenn die Atmosphäre im Team dauerhaft schlecht ist, müssen Sie abwägen, ob Sie weiterhin in dieser Umgebung arbeiten möchten. Manchen macht es nicht so viel aus, sie machen ihre Arbeit, passen sich in gewissem Maße dem Umgangston an und denken nicht weiter darüber nach. Andere leiden richtiggehend und fühlen sich im Job überhaupt nicht mehr wohl. Wenn Letzteres bei Ihnen der Fall ist, denken Sie über Alternativen nach. Muss es dieser Job sein oder kommt vielleicht ein Stellenwechsel für Sie in Betracht? Sammeln Sie Argumente, was für Ihre jetzige Stelle spricht und was dagegen. Erstellen Sie einen »Wunschkatalog«, was Ihre Traumstelle bieten sollte.

Link-Hinweis

www.bmwa.de

Der Bundesverband Mediation in Wirtschaft und Arbeitswelt informiert über die Arbeit von Mediatoren und stellt Kontakte zu Mitgliedern her.

Nicht jeder liebt es, mit den Kollegen zusammen in die Sauna zu gehen und über seine Eheprobleme zu sprechen. In manchen Teams gehört das dazu. Sie sind eingeschworene Gemeinschaften. Die Mitarbeiter kennen sich schon lange, manche unternehmen auch privat etwas zusammen und per Du sind alle sowieso.

Wer in eine solche Abteilung neu dazukommt, hat es mitunter schwer, sich zu etablieren. Die alten Kollegen sind so aufeinander eingespielt, dass sie sich dem oder der Neuen kaum öffnen. Dahinter steckt in der Regel mehr ein Mangel an Sensibilität als ein böser Wille. Aber es muss nicht unbedingt ein Jobwechsel der Grund dafür sein, warum ein Mitarbeiter etwas abseits steht. Manche brauchen viel Nähe, andere arbeiten lieber für sich und trennen bewusst zwischen Berufs- und Privatleben.

Der einzige wirkliche Nachteil, den ein Einzelgänger im Job womöglich spürt, ist, dass er von informellen Kommunikationswegen ausgeschlossen sein kann. So gehen die neuesten Gerüchte an ihm vorbei, aber auch die eine oder andere Information, die für seine Arbeit von Belang sein kann.

So wird es besser

Nicht jeder muss im Team in der Mitte des Geschehens stehen. Doch wenn sich Ihre Position negativ auf Ihre Arbeit niederschlägt oder Sie sich persönlich ausgegrenzt fühlen, ohne zu wissen, woran das liegt, und Sie darunter leiden, sollten Sie aktiv werden.

Die eigenen Bedürfnisse akzeptieren
Es gibt nur einen Fehler, den Sie in Ihrer Situation machen

können: sich selbst in Frage zu stellen. Es ist keine Frage von Schuld, wenn Sie im Team etwas abseits stehen. Vielleicht sind Sie eher ein Einzelgänger oder Sie haben keinen Draht zu den Kollegen, weil die Interessen zu unterschiedlich sind. Wie dem auch sei: Achten Sie darauf, dass Sie sich nicht zu sehr zurückziehen.

Auf andere zugehen
Häufig grenzen Menschen nicht bewusst aus. Es kann Gedankenlosigkeit und Routine sein, warum die Kollegen Sie beispielsweise nicht zum gemeinsamen Mittagessen auffordern. Warum schlagen Sie nicht selbst eine Verabredung vor? Entweder Sie sprechen einen Kollegen, der Ihnen sympathisch ist, direkt an, ob er einmal mit Ihnen zum Essen geht, oder Sie fragen einfach, ob Sie mitkommen können, wenn sich mehrere Kollegen in Richtung Kantine aufmachen.

In jedem Job gibt es Anlässe, bei denen Kollegen außerhalb der üblichen Arbeit zusammenkommen: Dazu gehört die Weihnachtsfeier, ein Umtrunk aus Anlass eines Geburtstages oder ein gemeinsamer Ausflug von Chef und Mitarbeitern. Daran sollten Sie teilnehmen – auch wenn Sie auf solche Unternehmungen keine Lust haben und Ihre Zeit lieber mit Freunden oder der Familie verbringen. Es wirkt unhöflich und desinteressiert, solchen Anlässen fernzubleiben.

Bieten Sie Ihre Hilfe an, wenn Sie merken, dass ein Kollege Unterstützung gebrauchen kann. Sei es, dass Sie ihm bei einem Computerprogramm helfen oder ein offenes Ohr leihen, wenn er Dampf ablassen muss.

Anteil nehmen
Privat- und Berufsleben lassen sich nicht strikt trennen. Dafür verbringt man zu viel Zeit im Job. Sehen Sie Ihre Kollegen nicht nur unter dem Aspekt der Arbeit. Seien Sie aufmerksam und investieren Sie etwas Zeit, auch wenn Sie viel zu tun haben. Gratulieren Sie zu Geburtstagen oder fragen Sie nach, wenn ein Kollege plötzlich einen geknickten Eindruck macht.

Auch wenn es nicht Ihr Ding sein sollte, Ihr Innerstes nach außen zu kehren und im Job über Privates zu sprechen: Das hindert Sie nicht, anderen offen zu begegnen. Niemand erwartet, dass Sie private Geheimnisse preisgeben – und wenn andere das tun, gibt es keinen Grund, darauf einzugehen. Selbst wenn ein Kollege sehr offenherzig Intimitäten ausbreitet, können Sie selbstverständlich Ihre Grenzen einhalten.

Link-Hinweis

www.patrzek.de

Der Wirtschaftspsychologe Andreas Patrzek veröffentlicht auf seiner Webseite einen Fragebogen, mit dem man seine eigene Rolle im Team analysieren kann. Sie erreichen den Fragebogen unter dem Menüpunkt »Service«.

Ungleichgewicht

»Diversity Management« nennt sich ein Konzept in der Personalpolitik, das aus den USA stammt und sich zunehmend in Europa verbreitet. Danach profitieren Arbeitgeber davon, wenn die Mitarbeiter möglichst unterschiedlich sind und Teams aus Männern und Frauen, alten und jungen Beschäftigten und Mitarbeitern verschiedener Kulturkreise bestehen.

In Deutschland wird die Förderung von Frauen in Unternehmen häufig mit dem Begriff »Diversity« beschrieben. Verschiedene Studien belegen, dass Firmen mit einem hohen Frauenanteil in den Führungsetagen wirtschaftlich erfolgreicher sind.

In vielen Bereichen sind Frauen dennoch unterrepräsentiert. Wer vor allem mit männlichen Kollegen zusammenarbeitet, muss sich in einer völlig anderen Arbeitsatmosphäre zurechtfinden als in gemischten Teams. In männerdominierten Abteilungen entsteht schnell ein raues Klima mit hohem Wettbewerbsdruck. Auf Harmoniebedürfnisse wird wenig Rücksicht genommen.

Frauen müssen als Kollegin unter lauter Kollegen aufpassen, nicht unterzugehen. Denn sie neigen dazu, sich zu sehr zurückzuhalten. Bereits in Vorstellungsgesprächen stellen Frauen ihr Licht meist unter den Scheffel. Das fand die Kulturwissenschaftlerin Daniela Wawra in ihrer Dissertation an der Universität Passau heraus. Sie untersuchte das Sprachverhalten männlicher und weiblicher Bewerber. Die Frauen nannten weniger Kompetenzen und werteten diese ab, während die Männer dominanter und selbstbewusster auftraten. Im Job selbst heben Mitarbeiterinnen ihre Leistungen nicht hervor, sind selbstkritisch und warten darauf, befördert zu werden. Die männlichen Kollegen fordern Aufstiegsmöglichkeiten ganz selbstverständlich ein.

So wird es besser

Männerdominierte Teams bieten Frauen die beste Möglichkeit, sich das berufliche Verkaufstalent von Männern abzuschauen. Nutzen Sie diese kostenlose Nachhilfe in Selbstdarstellung und Karriereverhalten.

Sich behaupten
Männer unter sich arbeiten in einer Wettbewerbsatmosphäre, auf Empfindlichkeit wird keine Rücksicht genommen. Frauen müssen erst lernen, dieses Verhalten einzuschätzen. Beobachten Sie Ihre Kollegen: Wie äußern sich Konflikte? Wann wird aus vermeintlichem Spaß Ernst? Wie verhalten sich die »Rivalen« und wie kommen sie wieder zusammen? Das hilft Ihnen, wenn Sie selbst in die Situation geraten, etwas einstecken zu müssen.

Setzen Sie sich zur Wehr, wenn es nötig ist. Späße unter der Gürtellinie müssen Sie sich weder anhören noch sich gefallen lassen. Das gilt selbstverständlich auch, wenn ein Kollege Ihnen körperlich zu nahe kommt, etwa herablassend Ihre Schulter tätschelt. Sagen Sie sofort, dass es reicht, wenn Kollegen Grenzen überschreiten.

Achten Sie darauf, dass Sie nicht als »niedliche Kollegin« in der Männerrunde untergehen, sondern von Beginn an als gleichberechtigte Partnerin angesehen werden. Wenn Sie erst einmal die Rolle der netten, aber nicht ernstzunehmenden Mitarbeiterin innehaben, ist es sehr schwierig, die Kollegen von Ihren fachlichen Qualitäten zu überzeugen. Analysieren Sie Ihr Auftreten: Neigen Sie zum Mädchenschema, sind Sie bescheiden und lieb oder verhalten Sie sich selbstbewusst auf Augenhöhe zu den Kollegen?

Netzwerken
Männer sind besser vernetzt als Frauen. Sie haben zudem den Vorteil, dass sie in höheren Positionen noch immer stärker vertreten sind. Damit ist auch die Wahrscheinlichkeit, dass

Männer wieder Männer rekrutieren, größer. Dafür gibt es in immer mehr Unternehmen Mentoringprogramme für Frauen. Dabei wird einer Mitarbeiterin eine erfahrene Führungskraft als Ansprechpartnerin an die Seite gestellt. Nehmen Sie daran teil, wenn Ihnen das möglich ist. Außerdem gibt es berufliche Netzwerke für Frauen.

Link-Hinweise

www.dji.de

Das Deutsche Jugendinstitut informiert über das Konzept von Mentoring. Geben Sie das Stichwort »Mentoring« in die Suche ein.

www.ewmd-deutschland.de

Das European Women's Management Development International Network (EWMD) ist ein Managementnetzwerk für Frauen.

www.forum-mentoring.de

Das Forum Mentoring ist eine bundesweite Dachorganisation mit dem Ziel, Mentoringprogramme an Hochschulen und in der Personalentwicklung voranzubringen.

Kreativität

Brett vorm Kopf
Mir fällt überhaupt nichts mehr ein

Kreativität gehört zu den Soft Skills, die in Stellenanzeigen von Mitarbeitern gefordert werden. Mancher Bewerber fragt sich nach seinem Jobeinstieg allerdings, warum seine kreative Ader bei der Bewerbung eine Rolle gespielt hat. Sind doch im Arbeitsalltag die Möglichkeiten, Kreativität auszuleben, oft gering. Es ist viel zu viel zu tun, die Mitarbeiter sind überlastet und kommen gar nicht dazu, neue Ideen zu haben, geschweige denn umzusetzen.

Ideen kommen nicht auf Befehl. Wer sich unter Zeitnot an seinem überfüllten Schreibtisch vor ein leeres Blatt setzt und fieberhaft nachdenkt, wird selten einen zündenden Einfall haben. Unternehmen, die von der Kreativität ihrer Mitarbeiter leben – wie beispielsweise Werbeagenturen – wissen das. Sie lassen sich einiges einfallen, um eine kreativitätsfördernde Umgebung zu schaffen. Dazu gehören etwa die räumliche Gestaltung der Büros und Besprechungsräume, flexible Arbeitszeiten und gemeinsame Auszeiten, die nur der Ideenfindung dienen.

Wo jedoch überbordende Arbeitslast, Zeitnot und Stress herrschen, wo Unternehmen und Chefs nur auf Druck setzen, damit ihre Mitarbeiter funktionieren, ist kein Raum für Kreativität. Den Mitarbeitern fällt nichts mehr ein.

So wird es besser

Wie kreativ ein Mitarbeiter ist, hängt von seiner Umgebung ab. Es gibt Arbeitsbedingungen, die Kreativität fördern – und andere, die den Einfallsreichtum hemmen. Versuchen Sie, sich Freiräume zu erarbeiten, die Ihnen Raum für Kreativität lassen. Lassen Sie sich nicht so sehr mit Arbeit zuschütten, dass Sie weder nach rechts noch links schauen können.

Kreativitätsfördernde Bedingungen kennen
Voraussetzung für Kreativität ist, dass sich die Mitarbeiter wohlfühlen. Die Arbeitsatmosphäre muss freundschaftlich und von Vertrauen geprägt sein. Die Aufgaben sollten herausfordernd und abwechslungsreich sein und der Mitarbeiter braucht Gestaltungsspielraum, in dem er eigenverantwortlich handeln kann. Entscheidend ist auch die Rolle des Vorgesetzten: Er sollte sein Team unterstützen, neue Ideen fördern und zugleich die Mitarbeiter fordern, ihnen anspruchsvolle Ziele und Aufgaben übertragen.

Die eigenen Möglichkeiten ausschöpfen
Wenn der Arbeitgeber in Sachen Kreativität alles falsch macht, bleibt nur, es selbst besser zu machen. Dazu gehört, sich ein gewisses Maß an Autonomie zu verschaffen. Auch wenn die Arbeitslast erdrückend sein mag: Hecheln Sie nicht durch den Arbeitstag, bis Sie abends völlig erschöpft als Letzter das Büro verlassen.

Decken Sie sich nicht selbst immer wieder mit zu viel Arbeit ein. Sagen Sie auch einmal Nein und verschnaufen Sie erst, statt mit dem nächsten Atemzug auch gleich das nächste Projekt zu beginnen.

Lesen Sie dazu bitte auch das Kapitel »Arbeitslast«.
Nehmen Sie sich über den Tag verteilt Auszeiten. Diese können kurz sein. Es geht darum, dass Sie Ihren Blick und Ihr Interesse zwischendurch von der Arbeit wegnehmen. Zum Beispiel: Gehen Sie zwischendurch raus und öffnen Sie sich für das, was um Sie herum geschieht, sprechen Sie mit Kollegen, schauen Sie aus dem Fenster und lassen Sie Ihre Phantasie mit den Wolkengebilden spielen.

Routine vermeiden
Zu viel Routine gehört zu den Arbeitsbedingungen, die eine negative Wirkung auf die Kreativität der Mitarbeiter haben. Wer das, was er macht, schon immer so gemacht hat, kommt auf keine neuen Einfälle. Ihm fehlen die Herausforderung

und die Möglichkeit, seine Arbeit selbst und anders zu gestalten – wem die Arbeit wie von alleine von der Hand geht, der macht sich keine Gedanken darüber, was er anders machen könnte. Versuchen Sie, auf Ihr Arbeitsumfeld Einfluss zu nehmen und sich nicht auf Routinearbeiten reduzieren zu lassen. Nutzen Sie jede Möglichkeit, die sich ergibt, um aus Ihrem Trott herauszukommen.

Neues wagen
In jeder Arbeit steckt eine Herausforderung, manchmal muss man sie nur wiederentdecken. Bemühen Sie sich, Ihre Aufgaben zu erweitern und anders anzugehen. Betrachten Sie Ihre Arbeit mit etwas Abstand: Warum erledigen Sie die Dinge auf eine bestimmte und nicht auf eine andere Art? Wo gibt es Probleme, die Sie schon lange ärgern? Welche Aufgaben dauern unnötig lange und warum? Entwickeln Sie Ideen, was besser laufen könnte. Versuchen Sie einmal, anders an Aufgaben und Projekte heranzugehen. Im Gespräch mit Kollegen können Sie dafür Anregungen erhalten.

Suchen Sie sich den Anspruch selbst, falls er Ihnen in Ihrem Job fehlt. Setzen Sie sich Ziele, die Sie nicht mit links bewältigen. Das kann beispielsweise das Studium eines anspruchsvollen Buches sein oder das Ziel, sich in ein neues Fachgebiet einzuarbeiten oder ein neues Computerprogramm anzuwenden.

Worauf es bei der Zielsetzung ankommt, lesen Sie im Kapitel »Motivation«.

Sich für Aufgaben bewerben
In jedem Job und in jedem Team ergeben sich Herausforderungen. Wenn diese bislang an Ihnen spurlos vorbeigegangen sind, so ergreifen Sie die Initiative. Bringen Sie sich ins Gespräch, wenn Sie mitbekommen, dass eine neue Aufgabe oder ein neues Projekt ansteht. Überlegen Sie sich, was Ihnen liegen würde, was Sie gerne zusätzlich angehen würden, und greifen Sie dann bei der nächsten Gelegenheit zu. Vielleicht

würden Sie gerne einmal eine Urlaubsvertretung übernehmen, um ein anderes Aufgabengebiet kennenzulernen, oder
Kollegen bei einem interessanten Projekt unterstützen?

Diese Gelegenheit kann sich beispielsweise bei einem
Meeting ergeben oder auch im direkten Gespräch mit Ihrem
Vorgesetzten. Ihm gegenüber können Sie sowohl äußern, dass
Sie an einer konkreten Aufgabe interessiert sind, als auch
Ihre generelle Bereitschaft signalisieren, Neues zu überneh-
men. Im Rahmen eines Meetings mit mehreren Beteiligten
sollten Sie dagegen nur für eine konkrete Aufgabe, die im
Rahmen des Treffens zur Sprache kommt, Interesse zeigen.

Auf andere Gedanken kommen
Gestalten Sie Ihren Arbeitsalltag möglichst abwechslungsreich. Nehmen Sie Auswärtstermine wahr, gehen Sie auf Messen, beteiligen Sie sich an Besprechungen, lernen Sie andere
Abteilungen kennen. Nutzen Sie Weiterbildungen, um persönlich voranzukommen. So gewinnen Sie neue Eindrücke,
lernen andere Arbeitstechniken kennen und sehen Ihre Arbeit aus einer anderen Perspektive.

Ergreifen Sie jede Gelegenheit, den gewohnheitsmäßigen
Ablauf des Tages abzuwandeln.

Offen sein
Eine feindliche, auf Konkurrenzdruck basierende Arbeitsumgebung wirkt sich negativ auf die Kreativität im Team
aus. Achten Sie darauf, dass Sie zu Kollegen, mit denen Sie
sich verstehen, eine freundschaftliche und vertrauensvolle
Beziehung aufbauen.

Gehen Sie auf die Menschen zu, mit denen Sie während
Ihrer Arbeit in Kontakt stehen, und nehmen Sie sich die Zeit,
mit Ihnen zu sprechen: Was bewegt sie? Woran arbeiten sie
gerade? So erfahren Sie Zusammenhänge, auf die Sie allein
über Ihren Arbeitskram gebeugt nicht gekommen wären, das
kann Anstoß für neue Ideen geben.

Unterstützen Sie Ihre Kollegen, wenn diese um Hilfe oder

Rat fragen. Umso besser, wenn dies nicht Ihr eigentliches Aufgabengebiet ist. So öffnen Sie sich für neue Fragestellungen.

Blockaden vermeiden
Vorbehalte, Angst, sich lächerlich zu machen oder Fehler zu begehen, perfektionistische Ansprüche – all das hemmt den Einfallsreichtum. Haben Sie keine Scheu vor »dummen« Ideen. Daraus kann eine Assoziation weiter genau die Lösung entstehen, die Sie gesucht haben. Lassen Sie Ihren Gedanken wirklich »freien Lauf«.

Techniken kennen
Es gibt viele Kreativitätstechniken, die den Einfallsreichtum fördern. Sie helfen, herkömmliche Denkmuster zu durchbrechen. Oft werden dabei die Gedanken gezielt vom eigentlichen Problem weggelenkt. Manche setzen auf die Intuition der Teilnehmer, andere geben eine Systematik vor, in deren Rahmen Ideen entwickelt werden. Zu den bekanntesten zählen beispielsweise das Brainstorming, das im folgenden Kapitel beschrieben wird, und Mind Mapping, bei dem Wissen bildhaft dargestellt und Ideen strukturiert werden. Welche Technik geeignet ist, hängt von der Aufgabenstellung ab. Informieren Sie sich über die verschiedenen Techniken und schlagen Sie im Team vor, diese anzuwenden, sobald es sich anbietet *(siehe S. 122 und 222)*.

Geistesblitze vorbereiten
Auch wenn das Bild des Geistesblitzes suggeriert, dass eine Idee quasi aus dem Nichts kommt – dem ist nicht so. Einfälle brauchen einen Nährboden, auf dem sie gedeihen können. Und das ist: Fachwissen. Wenn Sie Fachliteratur lesen und Vorträge besuchen, tun Sie genau das Richtige.

Privat Ausgleich suchen
Wichtig ist, dass Sie ausreichend Zeit haben, um sich von

Ihrer Arbeit zu regenerieren. Machen Sie nicht zu viele Überstunden, damit Sie den nächsten Arbeitstag erholt und fit
beginnen. Wer überarbeitet ist, kommt nicht auf gute Ideen.

Stellen Sie Ihr Privatleben nicht hintan. Eine erfüllte Freizeit gibt Ihnen Kraft für Ihren Job. Wer immer nur arbeitet,
nach der Arbeit zu müde für Unternehmungen ist und seine
freien Stunden auf dem Sofa verbringt, dem fehlt der Input,
um Ideen zu haben. Gespräche mit Freunden, ein interes-
santes Buch, der Besuch einer Ausstellung – all das lässt Sie
auf andere Gedanken kommen. Sorgen Sie für animierende
Erlebnisse und versuchen Sie, mit offenen Augen durch die
Welt zu gehen. Beschäftigen Sie sich mit Dingen, die Sie
erstaunen und inspirieren. Sie brauchen diese Anregungen,
wenn Sie frischen Wind in Ihren Job bringen möchten.

Link-Hinweise

www.baua.de/cln_095/de/Publikationen/Broschueren/A61.
html

Die Broschüre »Create Health! Arbeit kreativ, gesund und
erfolgreich gestalten« der Bundesanstalt für Arbeitschutz und
Arbeitsmedizin richtet sich vor allem an Unternehmen, hat
aber auch für Mitarbeiter interessante Anregungen.

www.kreativ-sein.de

Die Gesellschaft für Kreativität informiert über Kreativitätstechniken.

Mitarbeiter, die eine gute Idee nach der anderen haben, sind die Freude jedes Chefs – so sollte es zumindest sein. Tatsächlich gehen im Alltag viele tolle Einfälle unter. Die Gründe dafür sind ganz unterschiedlich. Manchmal liegt es am Chef, der sein Team mit fester Hand führt, froh ist, wenn die Dinge nach herkömmlicher Manier laufen, und kein Interesse an Innovationen hat. Manchmal mangelt es auch an der Umsetzung. Gute Ideen sind zwar da, aber aus ihnen wird nichts, weil keine Zeit ist, sie zu realisieren, oder im Unternehmen kein richtiges Ideenmanagement existiert, mit dem die Vorschläge der Mitarbeiter erfasst, bewertet und verwirklicht werden.

Manchmal liegt es am kreativen Mitarbeiter selbst. Viele behalten ihre guten Vorschläge für sich. Vielleicht haben sie die Erfahrung gemacht, dass ihre Ideen häufig zerredet und nicht verwirklicht werden. Vielleicht sind sie eher zurückhaltender Natur und verstehen nicht, ihre Vorschläge zum richtigen Zeitpunkt beim richtigen Anlass voranzubringen.

Wenn gute Ideen verlorengehen, ist das aus Unternehmenssicht verschenktes Geld. Für die Mitarbeiter ist die Wirkung fatal. Vorschläge zu haben, etwas zu initiieren und umzusetzen macht Spaß und ist enorm motivierend. Werden gute Ideen dagegen nicht verwirklicht, führt das auf Dauer zu Frust.

So wird es besser

Ideen sind flüchtig. Werden sie nicht umgesetzt, war der kreative Einsatz umsonst. Damit sich der Einfall konkretisiert, ist Marketing gefragt. Dazu gehört, die richtige Gelegenheit zu erkennen, wann man seinen Vorschlag präsentiert, und Argumente bereitzuhaben, um darlegen zu können, was dafür spricht.

Sich Gehör verschaffen

Es mag hart klingen, aber: Eine gute Idee zu haben, reicht nicht. Damit aus ihr etwas wird, muss man andere davon überzeugen können. Nicht jeder ist der Typ, der sich selbstbewusst in die Brust wirft, vor versammelter Mannschaft lang und breit seinen Einfall ausbreitet und die Zuhörer allein mit seiner Begeisterung packt. Damit Ihre Idee umgesetzt wird, sollten Sie sich aber genau diesen Typ zum Vorbild nehmen: Bringen Sie Ihre Idee bei der richtigen Gelegenheit vor. Und das ist nicht das zweisame Kollegengespräch oder der spontane Plausch mit dem Chef zwischen Tür und Angel. So geht Ihr Vorschlag unter. Ihre Idee braucht Raum und Zeit, um gehört zu werden. Dafür eignet sich ein Meeting, in das sie thematisch hineinpasst, oder auch ein persönliches Gespräch mit dem Vorgesetzten.

Achten Sie darauf, wie Sie Ihre Idee vortragen: Verstecken Sie sie nicht in einem Nebensatz. Sprechen Sie deutlich und laut genug (das gilt vor allem in Meetings), nehmen Sie sich Zeit, Ihre Idee auszuführen, bringen Sie Argumente dafür vor: Was sind die Vorteile, wenn Ihr Einfall umgesetzt wird? Und seien Sie auf Fragen und Gegenargumente vorbereitet. Dann haben Sie die passenden und überzeugenden Antworten parat.

Hartnäckig sein

Möglicherweise haben Sie Ihre Idee bereits vorgetragen, sie wurde mit Wohlwollen zur Kenntnis genommen, aber nichts ist passiert. Dann bleiben Sie am Ball. Bringen Sie sie wieder ins Gespräch. Formulieren Sie noch einmal die Vorteile, die Ihr Vorschlag bringt. Überzeugen Sie Ihre Kollegen davon, damit diese Sie im großen Kreis oder beim Chef unterstützen. Überlegen Sie, wie die ersten Schritte der Umsetzung aussehen würden, und schlagen Sie Ihrem Vorgesetzten vor, diese selbst in die Wege zu leiten.

Sich nicht zurückziehen

Sie haben alles richtig gemacht: Ihre Idee ist super. Sie haben Sie bei der passenden Gelegenheit vorgetragen und dennoch wird nichts daraus. Vielleicht konnten Sie Ihren Vorgesetzten nicht überzeugen oder der gute Vorschlag verläuft einfach im Sande, weil so viel anderes Priorität hat. Widerstehen Sie der Versuchung, das nächste Mal Ihren Einfall für sich zu behalten. Freuen Sie sich, dass Sie so kreativ sind, und seien Sie es weiterhin. Vielleicht gelingt es Ihnen beim nächsten Mal, den Chef zu überzeugen. Wenn Sie nur so sprudeln vor Ideen, beginnen Sie, die Einfälle zu notieren, damit Ihnen keiner verlorengeht.

Selbstkritisch sein

Nicht jede Idee taugt zur Umsetzung. Dennoch ist es wichtig, dass Mitarbeiter überhaupt Ideen haben und diese äußern. Lassen Sie sich nicht demotivieren, wenn ein Einfall einmal nicht so gut ankommt. Vielleicht war dieser Vorschlag wirklich nicht überzeugend. Manchmal lässt man sich von einer Idee mitreißen und baut Luftschlösser. Das ist ganz normal. Aber Chef und Kollegen haben in diesem Fall recht, nicht mit Begeisterung zu reagieren.

Also: Denken Sie noch mal in Ruhe über Ihren Vorschlag nach: Lässt er sich verwirklichen? Was sind die Vor- und Nachteile? Bringt es das Projekt nach vorn? Vielleicht kommen Sie zu dem Schluss, die Idee wieder zu verwerfen. Das macht nichts, die nächste Idee wird besser sein. Vielleicht möchten Sie das Ganze erst weiterentwickeln. Vielleicht sind Sie aber umso mehr von Ihrem Vorschlag begeistert, dann geht es darum, den Vorgesetzten und das Team zu überzeugen. Sammeln Sie noch einmal Argumente, die für Ihren Einfall sprechen, und suchen Sie eine gute Gelegenheit, um diese zu präsentieren.

Chef wechseln

Lassen Sie sich nicht in Ihrer Kreativität zügeln. Sie ist ein Pfund, mit dem Sie an einem anderen Arbeitsplatz wuchern können. Bevor Sie sich frustriert zurückziehen und nur noch Dienst nach Vorschrift machen, sollten Sie über einen Jobwechsel nachdenken. Überlegen Sie, wo Ihre Kreativität gefragt sein könnte, und sondieren Sie Ihre Chancen. Schreiben Sie gezielt Bewerbungen. Es kann sehr befreiend sein zu wissen, dass man Alternativen hat.

Link-Hinweis

www.our-ideas.de

Diese Webseite richtet sich an Ideenmanager, bietet aber auch für Laien, die sich für das Thema interessieren, viel Informatives, zum Beispiel eine Liste der Unternehmen, die gutes Ideenmanagement betreiben.

Ideenklau
Andere profitieren von meinen Ideen

Seit fast 150 Jahren erforscht die Wissenschaft, was überdurchschnittlich kreative Menschen ausmacht und wie es zu dieser Begabung kommt. Inzwischen ist klar, dass kreative Menschen über ein ganzes Bündel von Eigenschaften verfügen, die ihrem Einfallsreichtum zugrunde liegen. Sie sind unter anderem neugierig und wissbegierig, haben eine starke Vorstellungskraft und können sehr konzentriert an einer Sache arbeiten. Zugleich sind sie aber häufig introvertiert, unangepasst und überdurchschnittlich empfindsam – um nur einige Merkmale zu nennen. Sie haben also auch Eigenschaften, die im Berufsleben negativ wahrgenommen werden und den Erfolg behindern können.

Im Idealfall besteht ein Team daher aus Mitarbeitern, die Ideen haben, und solchen, deren Stärke es ist, Ideen umzusetzen – die beispielsweise kommunikationsstark sind und gut »verkaufen« können.

In der Realität wird aber häufig von allen Mitarbeitern verlangt, kreativ zu sein. Wenn es nun in einem rauen Arbeitsklima zu einem unguten Wettbewerb um gute Einfälle kommt, können gerade kreative Mitarbeiter aufgrund ihres fehlenden Verkaufstalents ins Hintertreffen geraten oder den Eindruck erhalten, ausgenutzt statt anerkannt zu werden.

So wird es besser

Wenn andere Ihre Ideen übernehmen oder weiterentwickeln, ist das nicht unbedingt Ideenklau. Mit manchen Kreativitätstechniken wird sogar genau das versucht. Sollten jedoch tatsächlich Kollegen Ihre Ideen als ihre eigenen ausgeben, müssen Sie gegensteuern.

Ursache finden

Wenn Sie den Eindruck haben, dass andere von Ihren Ideen profitieren und Sie selbst leer ausgehen, kann das verschiedene Gründe haben. Wer einen Arbeitsvertrag unterschreibt und bei einem Unternehmen angestellt ist, geht einen Deal ein: Der Mitarbeiter bringt seine Leistung ein und erhält dafür ein Gehalt. Das umschließt auch die Ideen, die der Mitarbeiter im Job hat. Wer einen tollen Einfall hat, hat also keinen Anspruch auf eine Gegenleistung. Manche Unternehmen betreiben ein Ideenmanagement. Sie ermuntern ihre Mitarbeiter, ihre Einfälle mitzuteilen. Als Gegenleistung zahlen sie Prämien aus, deren Höhe sich am Wert des Einfalls misst – allerdings nur dann, wenn der Einfall nicht mit dem unmittelbaren Aufgabengebiet des Arbeitnehmers zu tun hat.

Zu erwarten wäre allerdings, dass ein Mitarbeiter für seine kreativen Leistungen Anerkennung erhält. Ist das nicht der Fall, könnte ein Führungsproblem vorliegen, zum Beispiel, wenn der Vorgesetzte die Leistung nicht erkennt oder sie für selbstverständlich hält. Es könnte auch sein, dass eine Idee nicht dem Mitarbeiter zugerechnet wird, von dem sie ursprünglich kommt. Möglich, dass sie als Gruppenleistung wahrgenommen wird oder dass sich andere Kollegen damit fälschlicherweise gebrüstet haben.

Sich nicht ausnützen lassen

Wenn Sie den Eindruck haben, dass Kollegen mit Ihren Ideen hausieren gehen, überlegen Sie, wie es dazu kommen konnte. Wie im Kapitel »Ideenstau« beschrieben, ist es wichtig, darauf zu achten, wo und wie Sie Ihre Ideen einbringen.

Vielleicht kommen Ihre Einfälle so spontan und Sie sind so davon begeistert, dass Sie sie immer sofort aussprechen. In einer Arbeitsatmosphäre des gegenseitigen Vertrauens ist das kein Problem. Herrschen jedoch Druck und Wettbewerb im Team, kann es sein, dass ein Kollege versucht, daraus seinen eigenen Vorteil zu ziehen. Wenn Ihnen das passiert, sollten Sie ihm in einem Vieraugengespräch mitteilen, dass

Sie dieses Verhalten nicht akzeptieren. (Sie sollten sich aber Ihrer Sache sicher sein und nicht nur auf Vermutungen oder Ahnungen reagieren.) Mitunter steht dahinter kein böser Wille. Möglich ist auch, dass der Kollege die Idee nicht als die Ihre abgespeichert hat oder sie weiterentwickelt hat, ohne mit Ihnen darüber zu sprechen.

Versuchen Sie aus so einem Fall Konsequenzen zu ziehen. Überlegen Sie, in welchem Rahmen Sie Ihren nächsten Einfall präsentieren. Wichtig ist auch der richtige Zeitpunkt. Es kann Sinn machen, die Idee erst weiter auszuarbeiten, bevor Sie darüber sprechen. Denken Sie auch darüber nach, ob Sie den Einfall selbst umsetzen möchten oder ob es Ihnen reicht, den Anstoß dafür gegeben zu haben.

Großzügig sein
Anders ist die Lage, wenn Kreativitätstechniken in einer Gruppe angewandt werden. Dabei ist es Voraussetzung, dass die geäußerten Ideen niemandem »gehören«. Es geht nicht darum, wer die besten Ideen hat, sondern gemeinsam die besten Ideen zu entwickeln und sich dabei zu unterstützen und zu ergänzen. Bei einigen Methoden wird sogar gezielt versucht, dass Teilnehmer Ideen anderer aufgreifen und weiterentwickeln. Dann gibt es auch Methoden, bei denen Ideen anonym geäußert werden (zum Beispiel schriftlich auf Karteikarten), um den Teilnehmern die Bewertungsangst zu nehmen, vermeintlich dumme Einfälle zu äußern *(siehe S. 132)*.

Link-Hinweis

www.deutscher-erfinder-verband.de
Falls Ihr Einfallsreichtum weit über Ihre Arbeit hinausgeht: Der Erfinder-Verband hat Tipps für Erfinder in spe.

Blackout

Brainstormings gehören zu den beliebtesten Kreativitäts-techniken. Alle sitzen zusammen und sollen spontan äußern, was ihnen zu einem bestimmten Thema einfällt. Doch hat am Ende des Treffens häufig nicht nur der Chef den Eindruck, dass das Brainstorming nicht den erhofften Erfolg gebracht hat – und die Mitarbeiter eilen wieder an ihren Schreibtisch, um sich ihren eigentlichen Aufgaben zu widmen.

Was ist falsch gelaufen? Das Problem ist die Populari-tät dieser Kreativitätstechnik. Weil jeder glaubt, zu wissen, was ein Brainstorming ist, wird es oft falsch angewandt. Die Treffen laufen teilweise so ab, dass Ideen eher vernichtet als gefördert werden.

Da kommen zum Beispiel alle völlig unvorbereitet zu-sammen, sind gerade von ihren überfüllten Schreibtischen aufgestanden, haben den Kopf noch ganz in ihren anderen Aufgaben. Und dann heißt es: »Brainstormt mal zu Thema xy.« Manchmal artet ein Brainstorming eher in eine Blödelei aus als sinnvolle Ergebnisse zu bringen.

Dazu kommt, dass die Potenziale von Brainstormings über-schätzt werden. Andere Kreativitätstechniken, die weniger bekannt sind, bringen unter Umständen mehr.

So wird es besser

Helfen Sie mit, dass die Brainstormings in Ihrem Team etwas bringen. Auch wenn es der Idee des Brainstormings zu wider-sprechen scheint: Nehmen Sie bereits Ideen in die Sitzung mit. So haben Sie mit Sicherheit mehr Einfälle und davon profitieren alle.

Sich vorbereiten

Der Grundgedanke des Brainstormings ist, dass mehrere Menschen gemeinsam bessere Ideen entwickeln als einer alleine. Häufig ist jedoch genau das Gegenteil der Fall: Die Teilnehmer blockieren sich gegenseitig. Nicht alle Ideen werden geäußert: Manche Teilnehmer kommen nicht rechtzeitig zu Wort, andere Ideen scheinen dem Betreffenden »überholt«, weil die Vorschläge inzwischen in eine andere Richtung gehen, oder sie werden schlicht vergessen. Manche gute Idee geht auch unter, weil sich nicht alle wirklich trauen, jede Idee spontan zu äußern. Sie sind gehemmt, wodurch kreatives Potenzial verlorengeht.

Obwohl Brainstormings gerne zur Ideenfindung angewandt werden, ist es daher so, dass Einzelne mehr und bessere Einfälle haben als eine Gruppe, die zusammen brainstormt.

Mithelfen

Viele Brainstormings werden schlecht geführt und bringen dadurch schlechtere Ergebnisse als möglich wäre. Bei einem guten Brainstorming gibt es einen Moderator, der jede Idee aufschreibt, am besten auf eine Flipchart. Zu Beginn wird eine konkrete Zielsetzung vorgegeben, damit die Teilnehmer wissen, was mit dem Brainstorming erreicht werden soll, also zum Beispiel: Entwickeln Sie zehn Ideen für ein neues Produkt xy. Die Gruppe sollte nicht zu groß sein und es gibt zwei Phasen: die Ideensammlung und die Auswertung. Während der Ideensammlung nennen alle spontan jeden Einfall, der ihnen kommt. Ganz wichtig: In dieser Phase dürfen die Ideen nicht bewertet werden. Damit kein Einfall verlorengeht, sollte jeder Teilnehmer ein Papier vor sich liegen haben, auf dem er sich seine Gedanken kurz notieren kann. Erst wenn die Ideensammlung abgeschlossen ist, wertet die Gruppe gemeinsam alles aus.

Entscheidend für den Erfolg des Brainstormings sind die Zusammensetzung der Gruppe und die Atmosphäre. Im Idealfall hat keiner der Teilnehmer Hemmungen, seine Einfälle spontan zu äußern. Wenn Sie eher zurückhaltend sind, ist die Herausforderung für Sie, sich durchzusetzen und sich Gehör zu verschaffen und tatsächlich jeden Einfall auch auszusprechen. Gehören Sie eher zu den dominanteren Naturen, so üben Sie, sich zurückzunehmen und die Vorschläge anderer nicht sofort zu kritisieren.

Brainstorming verbessern
Brainstormings haben den Nachteil, dass ruhigere Mitarbeiter ins Hintertreffen geraten. Ihr kreatives Potenzial droht unterzugehen. Das ist schade, da gerade kreative Menschen häufig eher zurückhaltend sind und ihre Ideen am besten für sich entwickeln. Da außerdem Einzelne mehr und bessere Ideen produzieren als eine Gruppe, wird inzwischen empfohlen, den Prozess des Brainstormings aufzusplitten: In einer ersten Runde sollen alle Teilnehmer alleine für sich Ideen produzieren. Erst danach kommt die Gruppe zusammen, um alle Ideen auszuwerten und weiterzuentwickeln.

Nicht nur brainstormen
Eine Alternative zum mündlichen Brainstorming kann »Brainwriting« sein. Es hat den Vorteil, dass sich die Teilnehmer nicht gegenseitig in der Ideenfindung blockieren können, da jeder seine Ideen schriftlich festhält. Dabei sitzen alle zusammen, sobald ein Teilnehmer keinen neuen Einfall mehr hat, legt er seinen Ideenzettel in die Mitte des Tisches und nimmt sich die Ideensammlung eines anderen Teilnehmers, durch dessen Ideen er wieder auf neue Einfälle kommt. Die Auswertung aller Ideen erfolgt wieder gemeinsam im Rahmen einer Diskussion.

Ideen kultivieren
Kreativität lässt sich nicht in Sitzungen sperren. Gute Ideen kann man immer und überall haben. Lassen Sie Ihren Einfallsreichtum nicht auf Brainstormings reduzieren. Versuchen Sie, sich auch in Ihrem Arbeitsalltag immer wieder

Freiräume zu verschaffen, Ideen zu entwickeln und umzusetzen. Manche Ideen gehen unter, nur weil man vergessen hat,
sie rechtzeitig zu notieren. Wie wäre es, wenn Sie beginnen,
Ihre guten Einfälle zu sammeln und sich ein Ideenarchiv an-
zulegen?

Link-Hinweis

www.kreativ-sein.de

Die Gesellschaft für Kreativität informiert über Brainstorming und weitere Kreativitätstechniken. Gehen Sie auf
den Menüpunkt »Kreativität«, dann auf »Techniken« klicken.

Work-Life-Balance

Einen Mausarm zu haben, klingt ganz lustig, weil es das Bild einer Maus mit der Vorstellung des bekannteren Tennisarms verbindet. Für die Betroffenen ist es aber eine ernste und vor allem schmerzhafte Angelegenheit, die sogar ihre Arbeitsfähigkeit gefährden kann.

Mediziner nennen die Erkrankung »Repetitive Strain Injury« (RSI). Ursache sind sich wiederholende Bewegungen wie das Klicken mit der Computermaus. Dabei kann man sich kleinste Verletzungen in den Muskeln holen. Die ersten Anzeichen für einen Mausarm sind noch nicht schmerzhaft. Finger und Hand kribbeln, fühlen sich vielleicht taub an oder man hat ein Gefühl der Kraftlosigkeit im betroffenen Arm.

Behandelt werden sollte der Arm möglichst früh, damit sich die Schmerzen nicht festsetzen. Am Anfang legen sich die Schmerzen wieder, sobald man eine längere Pause vom Arbeiten macht. Wird nicht rechtzeitig etwas gegen den Mausarm getan, schmerzen Hand und Arm bald auch bei anderen, ganz alltäglichen Arbeiten, etwa beim Bügeln.

So wird es besser

Wer vom Arbeiten vorm Bildschirm Schmerzen hat, muss seinen Arbeitsplatz überprüfen und für Ausgleich sorgen. Das Beste ist, dem RSI-Syndrom vorzubeugen. Tun Hände und Arme bereits weh, sollte man so schnell wie möglich professionelle Hilfe suchen.

Richtig sitzen
Überprüfen Sie Ihren Arbeitsplatz. Die Tastatur sollte leicht geneigt sein, ideal ist ein Winkel von 15 Grad. Vor der Tastatur muss ausreichend Platz sein, um die Hände aufzulegen. Bei

der Maus gilt: Sie sollte von der Größe her zur Hand passen und das Kabel darf die Bewegungen nicht behindern.

Auch eine falsche Haltung kann zum Mausarm führen. Die Maus sollte locker in der Hand liegen. Sitzen Sie nicht starr, sondern wechseln Sie so oft es geht Ihre Position und vermeiden Sie Bewegungen, die sich immer wiederholen. Gut ist es, auch mit Tastenbefehlen zu arbeiten und nicht alles mit der Maus anzusteuern. Achten Sie außerdem darauf, dass Ihre Hand nicht auf einer kalten Fläche aufliegt und Ihr Handgelenk warm ist. Pulswärmer können helfen.

Pausen machen
Wer den ganzen Tag vorm Bildschirm arbeitet, braucht Pausen. Das sieht auch die Bildschirmarbeitsverordnung vor. Am besten ist es, pro Stunde zwischen fünf und fünfzehn Minuten Pause vom Computer zu machen und in dieser Zeit andere Aufgaben zu erledigen.

Stehen Sie hin und wieder auf und arbeiten Sie am besten zwischendurch auch mal im Stehen. So können Sie Verkrampfungen, die durch starre Sitzhaltungen entstehen, vermeiden.

Wenn Sie am Bildschirm arbeiten, nehmen Sie den Arm von der Maus, wenn Sie sie gerade nicht brauchen. Gut ist es auch, die Maus mal mit dem anderen Arm zu steuern. Falls Sie noch mit zwei Fingern tippen: Schreiben mit zehn Fingern entlastet.

Rechtzeitig handeln
Wenn Sie typische Symptome eines Mausarms bei sich feststellen, sollten Sie einen Orthopäden aufsuchen. Der Arzt kann Ihnen unter anderem Krankengymnastik und Massagen verschreiben.

Alternative Ausrüstung besorgen
Standardtastatur und -mäuse sind ausreichend, wenn sie richtig benutzt werden. Wer aber schon Beschwerden hat,

kann mit alternativen Modellen unter Umständen besser arbeiten. Es gibt vertikale und Stiftmäuse, die den Druck auf das Handgelenk minimieren.

Link-Hinweise

www.baua.de

Die Bundesanstalt für Arbeitsschutz und Arbeitsmedizin informiert über Richtlinien für einen ergonomisch gestalteten Arbeitsplatz und gibt Tipps zur guten Büroarbeit.

bundesrecht.juris.de/bildscharbv/index.html

Hier finden Sie den Text der Bildschirmarbeitsverordnung.

www.ikk-gesundplus.de

Wer speziell mit einem Mausarm Schwierigkeiten hat, findet auf der Webseite der Krankenkasse IKK Dehnübungen. Gehen Sie zuerst auf den Menüpunkt »Gesund leben«, dann auf »Gesund im Beruf« klicken.

www.repetitive-strain-injury.de

Hier sammelt ein Betroffener des RSI-Syndroms Informationen und Erfahrungsberichte zum Mausarm.

Körperbeschwerden II
Mein Kopf brummt, mein Rücken schmerzt

So wie der Mausarm gehören Kopf- und Rückenschmerzen zu den typischen Leiden von Büroangestellten. Sie sind nicht nur lästig, sondern können zum Dauerproblem werden. Jeder fünfte Beschäftigte leidet fast täglich darunter.

Zu den Ursachen gehören Zeitdruck und Stress ebenso wie eine falsche Haltung. Leider trauen sich die wenigsten wegen ihrer Schmerzen zu Hause zu bleiben oder sich gar krank zu melden. Wie die Studie »Gute Arbeit« des Deutschen Gewerkschaftsbunds zeigt, sind 80 Prozent der Arbeitnehmer im Jahr 2009 mindestens einmal krank in der Arbeit erschienen. 54 Prozent ließen sich Medikamente verschreiben, um fit für die Arbeit zu sein.

Wenn Kopf, Nacken oder Rücken wehtun, ist die gängige Reaktion, Tabletten zu schlucken (die die Sekretärin meist in der Schublade hat), damit der Schmerz vergeht, und einfach weiterzuarbeiten. Das mag kurzfristig funktionieren, ist aber auf Dauer sehr ungesund. Außerdem führt es dazu, nichts zu unternehmen, um aktiv den Schmerzen vorzubeugen. Wer aber keine Ursachenforschung betreibt und nicht präventiv denkt, riskiert, dass die Schmerzen chronisch werden und er dauerhaft in seiner Leistungsfähigkeit eingeschränkt ist.

So wird es besser

Schlucken Sie beim nächsten Schmerzanfall im eigenen Interesse (und auch im Interesse des Arbeitgebers, der sicher keinen chronisch kranken Mitarbeiter haben möchte), nicht einfach nur Tabletten. Beugen Sie vor, damit die Beschwerden nicht wiederkehren. Dazu gehört, Schreibtisch und Bildschirm passend einzurichten und an Ihrer Haltung zu arbeiten. Die Bundesanstalt für Arbeitsschutz und Arbeitsmedizin hat ausgerechnet, dass der Büromensch 80000 Stunden in seinem Leben auf dem Allerwertesten verbringt. Es ist also höchste Zeit, öfters mal aufzustehen.

Arbeitsplatz überprüfen

Wer tagtäglich mehrere Stunden vorm Bildschirm sitzt, braucht einen Arbeitsplatz, der ihm möglichst viel Bewegung erlaubt.

Ein guter Arbeitsplatz sieht so aus: Der Tisch ist in der Höhe verstellbar. Er ist hoch genug eingestellt, damit Sie die Beine frei bewegen können. Deswegen sollten Sie auch keine Taschen oder Akten unter den Tisch stellen. Ihre Ober- und Unterarme bilden einen rechten Winkel, wenn Sie auf dem Tisch aufliegen.

Auch der Stuhl ist in der Höhe verstellbar – sowohl die Sitzfläche als auch die Lehne. Die Lehne ist beweglich. Nach hinten haben Sie einen Meter Platz, damit Sie zurückrollen können. Stellen Sie die Sitzfläche so ein, dass beide Füße flach am Boden aufkommen und Ober- und Unterschenkel einen 90-Grad-Winkel bilden. Setzen Sie sich auf die gesamte Fläche und lehnen Sie Ihren Rücken an.

Tastatur und Bildschirm dürfen nicht zu nah stehen. Sie müssen vor der Tastatur bequem die Handgelenke auflegen können und der Bildschirm sollte mindestens einen halben Meter von Ihrem Kopf entfernt sein. Stellen Sie den Bildschirm nicht zu hoch ein. Der Kopf sollte leicht nach unten geneigt sein. Zur Kontrolle: Die oberste Bildschirmzeile sollte etwas unterhalb Ihrer Augen sein.

Haltung korrigieren

Das Problem bei der Bildschirmarbeit ist das ewige Sitzen. Häufig nimmt man gerade beim konzentrierten Arbeiten eine starre Haltung ein und verkrampft. Das beste Mittel dagegen ist, so oft wie möglich aufzustehen: Freuen Sie sich über jeden Gang, den Sie zum Drucker machen müssen, schauen Sie bei Kollegen zwischendurch persönlich vorbei, statt wieder eine

E-Mail zu schreiben oder anzurufen, und gewöhnen Sie sich am besten an, im Stehen zu telefonieren.

Wenn Sie sitzen, ist die richtige Grundhaltung zwar, auf der gesamten Fläche zu sitzen und den Rücken anzulehnen, das heißt aber nicht, dass Sie permanent so sitzen sollen. Im Gegenteil: Ändern Sie so oft wie möglich die Haltung. Sogar lümmeln ist erlaubt.

Pausen machen
Unterbrechen Sie mindestens einmal stündlich die direkte Arbeit am Bildschirm. Die Angewohnheit vieler, während der kleinen Pause zwischendurch im Internet zu surfen, ist völlig falsch.

Übungen machen
Es gibt viele Gymnastikübungen, die Bildschirmarbeiter zur Lockerung und Entspannung zwischendurch am Schreibtisch machen können. Gut für Großraumbüroarbeiter: Manche kann man ausführen, ohne dass sie von anderen bemerkt werden. Dazu gehören zum Beispiel: Becken vor- und zurückschieben, zwischen rechter und linker Pobacke hin- und herwippen, Brustkorb vor- und zurückbewegen und den Nacken öfter nach hinten schieben *(siehe S. 143)*.

Für Ausgleich sorgen
Wer schon den ganzen Tag vor dem Computer arbeitet, tut sich nichts Gutes, wenn er nach Dienstschluss mit dem Auto nach Hause fährt und dort auf der Couch vorm Fernseher entspannt. Sorgen Sie für Ausgleich zur Büroarbeit. Ein Vorbild sind alle Kollegen, die mit dem Fahrrad zur Arbeit fahren. Wer mit öffentlichen Verkehrsmitteln unterwegs ist, kann eine Station früher aussteigen und den Rest laufen.

Für Bewegung sollten Sie sich Zeit nehmen – egal ob morgens, in der Mittagspause, abends oder am Wochenende: Am besten Sie legen sich eine bestimmte Zeit fest (und einen Ort), zu der Sie regelmäßig etwas für sich tun – spazieren gehen,

Rad fahren, schwimmen, was immer Ihnen liegt. So wird eine Gewohnheit daraus, auf die Sie unversehens ungern verzichten werden. Denn durch die Regelmäßigkeit schaltet unser Gehirn auf Autopilot, das Lustzentrum funkt gar nicht erst dazwischen. Wenn Sie anfangs Schwierigkeiten haben, Ihren guten Vorsatz umzusetzen: Überlegen Sie sich eine Belohnung, die Sie sich danach gönnen. Das hilft, um die erste Unlust zu überwinden.

Link-Hinweise

www.baua.de

Die Bundesanstalt für Arbeitsschutz und Arbeitsmedizin gibt Tipps zur guten Büroarbeit (Umgang mit Stress etc.). Unter dem Menüpunkt »Publikationen« kann die Broschüre »Sitzlust statt Sitzfrust« kostenlos als PDF-Datei heruntergeladen werden.

www.buero-forum.de

Einige Übungen, die sich gut in den Büroalltag integrieren lassen – unter anderem für Nacken, Rücken und Schultern –, bietet der Verband Büro-, Sitz- und Objektmöbel. Gehen Sie auf den Menüpunkt »Nutzer-Tipps«, dann auf »Büro-Gymnastik«.

Gemeinsam einsam
Meine Familie kommt zu kurz

Arbeit und Familie unter einen Hut zu bekommen, ist nicht einfach. Zwar machen es scheinbar viele vor – doch häufig mehr schlecht als recht. Nach einem anstrengenden und langen Arbeitstag ist es schwierig, plötzlich in die Rolle der (des) entspannten und geduldigen Mutter (Vaters) zu wechseln oder als feuriger und zärtlicher Liebespartner zu überzeugen.

Statt Entspannung am Feierabend folgt erst einmal Stress: Die Kinder müssen vom Hort abgeholt werden, der Einkauf ist noch nicht erledigt, Hausaufgaben sind zu machen, alle sind hungrig und dann ist auch noch Elternabend. Wer einen fordernden Job hat, tut sich schon schwer, den üblichen Familienpflichten nachzukommen. Wie soll es dann zu schaffen sein, die gemeinsame Zeit auch noch schön zu gestalten und zu genießen?

Dazu kommt die zunehmende Arbeitslast, in vielen Jobs verbunden mit langen Arbeitszeiten. Die in vielen Büros unausgesprochene Pflicht zu Überstunden lässt sich nur auf Kosten des Partners und der Familie erfüllen. Klar, dass sich die Lieben daheim darüber beschweren.

So kommt es, dass sich berufstätige Eltern hin- und hergerissen fühlen, auf der einen Seite zerrt der Beruf, auf der anderen Seite die Familie. Ist es überhaupt zu schaffen, den Pflichten des Jobs gerecht zu werden und gleichzeitig die Anforderungen der Familie zu erfüllen?

So wird es besser

Der Job ist, wie er ist. Doch wenn sich Partner oder Familie bereits beschweren, dass sie wegen der Arbeit zu kurz kommen, ist es höchste Zeit, Grenzen zu setzen. Machen Sie sich bewusst, wie viel Ihnen an Ihrem Partner und Ihrer Familie liegt. Das hilft Ihnen, Prioritäten zu setzen und sich gegenüber den Anforderungen in der Arbeit zu behaupten.

Zeiten festlegen

Auch wenn der Job stressig ist und viel Arbeitseinsatz erfordert: Stellen Sie nicht wegen Überstunden, Terminen oder Projekten, die zu Ende gebracht werden wollen, die Familie hintan. Sicher kann das mal nötig sein. Aber lassen Sie es nicht zum Dauerzustand werden.

Im Alltag dominieren häufig die Pflichten, die das Familienleben mit sich bringt. Es ist so viel zu erledigen und zu tun, dass man mitunter ganz vergisst, das Zusammensein als etwas Schönes zu erleben. Setzen Sie sich Zeiten, zu denen Sie für Ihre Familie da sein wollen. Reservieren Sie zum Beispiel das Wochenende ausschließlich für die Familie oder nehmen Sie sich einen bestimmen Tag in der Woche vor, an dem Sie nach Feierabend etwas Besonderes miteinander unternehmen.

Machen Sie hin und wieder bewusst etwas Schönes zusammen und genießen Sie die Zeit miteinander.

Job und Familie trennen

Versuchen Sie, die Arbeit nicht in Gedanken mit nach Hause zu nehmen. Lassen Sie den Job Job sein und widmen Sie sich ganz Ihrer Familie, wenn Sie daheim sind. Sie haben wieder den ganzen nächsten Tag, um Ihre Arbeitsaufgaben zu bewältigen. Dasselbe gilt auch umgekehrt: Machen Sie sich während der Arbeit nicht Sorgen und Vorwürfe wegen Ihrer Lieben daheim, sondern konzentrieren Sie sich auf Ihre beruflichen Aufgaben. Ein schlechtes Gewissen hilft niemandem, und Sie arbeiten so effizienter und kommen früher aus dem Büro heraus.

Das setzt voraus, dass Sie im Privaten alles gut organisiert haben. Einen passenden Hort, einen guten Babysitter zu finden, erfordert Zeit und Energie und Geld. Investieren Sie das unbedingt, damit Sie beruhigt arbeiten können.

Auszeiten nehmen

Es mag widersprüchlich klingen, doch: Um den Anforderungen und Wünschen Ihrer Familie gerecht werden zu können, brauchen Sie Zeit für sich selbst. Wenn Sie sich zwischen Job und Familie aufreiben, ohne selbst zwischendurch Luft holen zu können, fühlen Sie sich nur noch gestresst und verkrampfen innerlich. Darunter leidet dann auch Ihre Familie, weil Sie schnell ärgerlich werden und Ihnen die nötige Gelassenheit für die kleinen Widrigkeiten des Alltags fehlt.

Unternehmen Sie also zwischendurch etwas nur für sich. Sei es ein Hobby, dem Sie nachgehen, oder dass Sie mal ein Wochenende alleine wegfahren. Diese Auszeiten stehen selbstverständlich auch Ihrem Partner zu.

Link-Hinweis

www.beruf-und-familie.de

Diese Initiative der Hertie-Stiftung nennt auf ihrer Webseite unter anderem gute Beispiele aus der Praxis und stellt Unternehmen vor, die die Vereinbarkeit von Beruf und Familie unterstützen.

Burnout
Ich bin auf dem besten Weg dorthin

Burnout gilt fälschlicherweise als Managerkrankheit. Dabei kann es jeden erwischen, Krankenschwestern, Lehrer, IT-Experten. Wen es trifft, der ist im wahrsten Sinne des Wortes »ausgebrannt«, sowohl körperlich wie seelisch fertig. Burnoutkandidaten fühlen sich permanent erschöpft und schlafen schlecht. Es gelingt ihnen nicht mehr, sich am Feierabend oder Wochenende zu erholen. Sie haben keine Freude mehr an ihrem Berufs- und Privatleben und begegnen allem mit zunehmendem Zynismus.

Ursache ist eine zu hohe Belastung am Arbeitsplatz. Das kann in zeitlicher Hinsicht sein: Wer dauernd Überstunden fährt, ohne Pausen arbeitet und auch das Wochenende für den Job opfert, steuert unweigerlich auf den Burnout zu. Die Anforderung, permanent für den Arbeitgeber erreichbar zu sein, macht ein Abschalten selbst nach Feierabend unmöglich. Wie eine Studie des Verbands Bitkom zeigt, sind drei Viertel der Arbeitnehmer auch nach Büroschluss per E-Mail oder Handy für die Firma ansprechbar.

Aber auch inhaltlich kann ein Beruf so fordernd sein, dass er einen Menschen an seine Grenzen bringt. Das gilt nicht nur für Angehörige helfender Berufe. Stress, Leistungsdruck und Arbeitslast haben auch in vielen Büros zugenommen. Gefährdet sind gerade die Engagierten, die sich mit ihrem Beruf voll identifizieren.

Das Gefährliche am Burnout ist, dass die Betroffenen oft nicht rechtzeitig merken, dass sie am Rande des Knockouts arbeiten. Die meisten suchen erst dann Hilfe, wenn sie regelrecht zusammengebrochen sind.

Wie weit verbreitet das Problem ist, zeigt eine Studie der Bertelsmann Stiftung. Demnach klagt bereits jeder dritte Erwerbstätige über psychische Belastungen im Job.

So wird es besser

Wenn Sie selbst merken, dass Sie so nicht weiter arbeiten und leben können, haben Sie schon einen großen Schritt getan, damit es Ihnen in Zukunft wieder besser geht. Nehmen Sie Ihre Lage ernst und suchen Sie, wenn Sie alleine nicht aus dem Hamsterrad herausfinden, unbedingt professionelle Hilfe.

Einen Gang herunterschalten
Wenn Sie sich in der Arbeit überfordert und überlastet fühlen, nehmen Sie das Tempo zurück. Das geht nicht? Doch, es muss gehen und es geht auch. Schließlich hilft es weder Ihnen noch Ihrem Arbeitgeber, wenn Sie sich kaputt arbeiten. Auch Ihrem Vorgesetzten ist ein leistungsfähiger Mitarbeiter lieber als ein erschöpfter Workaholic.

Also: Fahren Sie die Überstunden herunter und machen Sie regelmäßig während der Arbeitszeit kurze Pausen, um zwischendurch zu entspannen und Kraft zu tanken. Wenn es ohne Überstunden in Ihrem Job nicht geht, dann begrenzen Sie diese. Halten Sie sich bestimmte Tage und das Wochenende frei und machen Sie abends auch mal früher Schluss. Ab einem bestimmten Zeitpunkt arbeiten Sie sowieso nicht mehr so schnell und konzentriert wie am nächsten Morgen.

Lesen Sie bitte auch die Kapitel »Überstunden« und »Arbeitslast«.

Etwas für sich tun
Achten Sie bewusst auf einen Ausgleich zum Job. Das gilt für die Mittagspausen, in denen Sie besser rausgehen, statt noch schnell eine E-Mail zu tippen. Und es gilt für Ihre Freizeit. Sorgen Sie vor allem dafür, dass Sie gut schlafen können. Um das zu gewährleisten, sollten Sie sich abends bewegen, um abzuschalten (zum Beispiel spazieren gehen oder Rad fahren), und den Kaffeekonsum nur auf den Vormittag beschränken, am besten keinen Alkohol trinken und nicht zu spät essen.

Burnoutpatienten haben schon vor ihrem Zusammenbruch aufgehört, ihre Freundschaften und Beziehungen zu pflegen. Von der Arbeit erschöpft, hatten sie nach Feierabend keine Energie mehr, etwas zu unternehmen. Lassen Sie es nicht so weit kommen. Nehmen Sie sich die Zeit für ein erfülltes Privatleben, für Familie, Freunde, Sport und andere Aktivitäten. Wenn Sie Ihr Pflichtgefühl quält, denken Sie daran, dass Sie diesen Ausgleich brauchen, um im Job fit zu sein und neue Ideen einbringen zu können.

Hilfe suchen
Wer bereits an Burnout erkrankt ist oder kurz davorsteht, braucht Unterstützung, um wieder gesund zu werden. Sprechen Sie mit Ihrem Hausarzt über Ihre Probleme. Er kann Sie an einen Spezialisten überweisen. Es gibt Kliniken, die auf Burnouterkrankungen spezialisiert sind.

Wenn Sie sich noch nicht »erschöpft genug« für einen Arztbesuch halten, kann Ihnen Entspannungstraining weiterhelfen. Es gibt verschiedene Ansätze von Yoga bis autogenes Training. Am besten, Sie probieren Verschiedenes aus, um das zu Ihnen passende Programm zu finden.

Link-Hinweise

www.psychosoziale-gesundheit.net
Auf dieser Webseite, die von der »Arbeitsgemeinschaft Psychosoziale Gesundheit« verantwortet wird, finden Sie einen längeren Beitrag zum Thema Burnout, Alarmzeichen und Behandlungsmöglichkeiten. Geben Sie das Stichwort »Burnout« in die Suchmaske ein.
www.mobbing-und-burnout.sozialnetz.de
Die Gewerkschaft ver.di informiert über Burnout und nennt weiterführende Adressen und Literatur.

Arbeitsministerin Ursula von der Leyen macht es vor: Sie ist mehrfache Mutter und hat eine erstaunliche politische Karriere hingelegt. So wie von der Leyen gibt es mehrere prominente Mütter, die neben ihrem Nachwuchs auch den Job erfolgreich managen. Man könnte den Eindruck gewinnen, als ob es in Deutschland nicht so schwer sein könne, Beruf und Kind zu vereinbaren.

Ganz so einfach ist es jedoch nicht. Natürlich lassen sich Job und Kind unter einen Hut bringen. Häufig ist das auch nötig, da sonst schlicht das Einkommen nicht ausreicht. Dennoch gibt es manche Hindernisse, und meist sind es die Mütter, die sie überwinden müssen.

Das beginnt mit der Babypause. In den meisten Familien beansprucht die Frau eine längere Elternzeit, um sich dem Nachwuchs zu widmen. Seit das Elterngeld nur dann 14 Monate lang gezahlt wird, wenn auch der Vater eine berufliche Auszeit nimmt, setzen zwar immer mehr Männer aus. In der Regel bleiben sie aber nur zwei Monate zu Hause, während die Mütter mindestens ein ganzes Jahr aussetzen.

Nicht alle Unternehmen gliedern ihre rückkehrwilligen Mitarbeiterinnen dann vorbildlich ein. Manche Mütter müssen feststellen, dass es ihren Job plötzlich nicht mehr gibt. Andere geraten mit ihrem Arbeitgeber in Streit, weil ihr Teilzeitwunsch abgeblockt wird. Doch auch die Väter fürchten häufig einen Karriereknick, wenn sie für ihr Kind beruflich zurückstecken.

So wird es besser

Die beste Voraussetzung für einen gelungenen Wiedereinstieg in den Job ist eine kurze Auszeit. Wie Studien zeigen, haben Frauen umso weniger Nachteile zu befürchten, je schneller sie nach der Familienpause wieder einsteigen. Egal, ob Sie kurz oder lang aus dem Job sind: Planen Sie Ihre Rückkehr frühzeitig.

Gut informiert sein
Der Gesetzgeber schützt Eltern vor beruflichen Nachteilen. So kann Müttern und Vätern während der Elternzeit nicht gekündigt werden. Außerdem besteht ein Anspruch auf Teilzeitarbeit. Eltern dürfen auch nicht wegen ihrer Familiensituation benachteiligt werden. Ansonsten können sie sich auf das Antidiskriminierungsgesetz berufen und den Arbeitgeber auf Schadenersatz verklagen.

Am besten, Sie informieren sich bereits während der Schwangerschaft über Ihre Rechte und Pflichten *(siehe S. 154)*.

Sprechen Sie auch mit befreundeten Eltern und Kollegen, die Kinder haben, wie diese Job und Familie verbinden und welche Erfahrungen sie beim beruflichen Wiedereinstieg gemacht haben. Sie werden so eine Menge Tipps aus Ihrer nächsten Umgebung erhalten, die Ihnen weiterhelfen.

Sich nicht abschrecken lassen
Es gibt viele Horrorgeschichten von Fällen, in denen Müttern (oder Vätern) der Wiedereinstieg nach der Babypause schwer gemacht wurde. Es gibt diese Fälle. Das heißt aber nicht, dass es bei Ihnen auch so laufen muss.

Sprechen Sie mit Ihrem Arbeitgeber freundlich und offen über Ihre Vorstellungen. Gehen Sie auch auf Bedenken ein, die beispielsweise Ihr Vorgesetzter äußert. Sicherlich haben Sie sich bereits überlegt, wie Sie Job und Kind auf die Reihe bekommen. Was spricht dagegen, dies auch Ihrem Vorgesetzten zu erklären? Ihn interessiert beispielsweise, wie Sie terminliche Engpässe mit Ihren familiären Verpflichtungen in Einklang bringen möchten.

Wenn Sie überlegen, Ihre Arbeitszeit zu reduzieren, lesen Sie bitte auch das Kapitel »Teilzeit«.

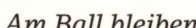

Am Ball bleiben

Ein Baby nimmt viel Zeit in Anspruch. Wer für sein Kind eine berufliche Auszeit nimmt, sitzt nicht untätig und Däumchen drehend zu Hause herum. Mit Kind ist der Tag völlig ausgefüllt. Versuchen Sie dennoch, sich etwas Zeit für Ihren Beruf zu nehmen.

Halten Sie während der Elternzeit Kontakt zu Ihren Kollegen und Ihrem Arbeitgeber. So erfahren Sie auch während der Auszeit, was im Büro los ist und was sich ändert. Außerdem bleiben Sie für Ihr Team präsent. Melden Sie sich hin und wieder, schauen Sie auch mal im Büro vorbei (am besten mit Vorankündigung, damit sich die Kollegen auf den Besuch einstellen können). Vielleicht können Sie Ihrem Team oder Vorgesetzten auch von zu Hause einmal einen kleinen Gefallen tun – und sei es, dass Sie ansprechbar sind, wenn es um eine fachliche Frage geht.

Wenn es sich für Sie organisieren lässt, nutzen Sie die paar Monate, um sich weiterzubilden. Das kann – muss aber nicht – etwas sein, was Sie direkt im Job anwenden können. Vielleicht wollten Sie ja schon lange eine bestimmte Fremdsprache lernen oder Ihre Computerkenntnisse verbessern.

Vorausplanen

Fangen Sie frühzeitig an, die Betreuung für Ihr Kind zu organisieren. Das erhöht die Chancen, dass Sie einen Hort- oder Kindergartenplatz oder eine Tagesmutter finden, bei der Sie ein wirklich gutes Gefühl haben und wo Ihr Kind gerne bleibt. Schließlich werden Sie es fast täglich dort »abgeben«. Und es ist furchtbar, jeden Tag ein weinendes Kind zurücklassen zu müssen. Das schlechte Gewissen würde Sie bis in die Arbeit verfolgen.

Versuchen Sie auch, schwierige Situationen vorauszusehen. Was ist, wenn Sie krank werden oder aber Ihr Kind? Wer kann das Kleine abholen, wenn Sie einmal Überstunden machen müssen? Organisieren Sie sich notfalls mehrere Babysitter, zu denen Sie Vertrauen haben. In manchen Städten gibt es auch Dienstleister, die die Betreuung kranker Kinder übernehmen. Adressen erhalten Sie bei Ihrer Stadtverwaltung und den Jugendämtern.

Gewappnet sein
Seien Sie darauf gefasst, dass hin und wieder blöde Bemerkungen kommen werden. Machen Sie sich nichts daraus. Wenn Sie nicht Ihre familiären Verpflichtungen hätten, würde sich der Kollege/Vorgesetzte eben etwas anderes suchen, um Sie aufzuziehen. Aber lassen Sie dumme Sprüche nicht auf sich sitzen und lassen Sie nicht zu, dass man Ihre Leistung in Frage stellt. Bieten Sie Paroli. Wenn Schlagfertigkeit nicht Ihre Stärke ist, überlegen Sie sich am besten vorab ein paar gute Konter, die Sie dann gegebenenfalls anbringen können. Wird Ihnen beispielsweise der Vorwurf gemacht: »Sie sind ja in erster Linie Mutter«, könnten Sie antworten: »In der Arbeit bin ich in erster Linie für mein Aufgabengebiet da.«

Flexibel sein
Natürlich ist es für Sie als Mutter oder Vater schwieriger, Berufs- und Privatleben zu koordinieren als für kinderlose Kollegen. Dennoch können Sie von Ihren Kollegen nicht ständig verlangen, Rücksicht auf Ihre familiäre Situation zu nehmen. Ihre Kollegen haben nichts damit zu tun, dass Sie Nachwuchs haben. Sie sehen daher auch nicht ein, darunter zu leiden.

Nehmen Sie auf die Bedürfnisse der Kollegen Rücksicht. So können Sie eher ein Entgegenkommen erwarten, wenn es einmal nötig ist. Das gilt für die Urlaubsplanung ebenso wie bei Überstunden oder Wochenendeinsätzen.

Rechtliche Unterstützung einholen
Sollte es zum Konflikt kommen, können Sie sich Unterstützung beim Betriebsrat oder Ihrer Gewerkschaft holen. Natürlich sollten Sie sich bereits vor den ersten Gesprächen zum Wiedereinstieg über Ihre Rechte gut informiert haben.

Wenn sich keine Einigung erzielen lässt und offenbar alles

auf eine gerichtliche Auseinandersetzung hinausläuft, müssen Sie für sich entscheiden, ob Sie bei Ihrem Arbeitgeber weiterhin bleiben möchten. Es macht Sinn, parallel nach einer neuen Arbeitsstelle zu suchen, um eine Alternative zu haben.

Link-Hinweise

www.bmfsfj.de

Das Bundesfamilienministerium informiert über die Elternzeit. Gehen Sie auf den Menüpunkt »Themenlotse / Elterngeld«. Hier kann auch eine kostenlose Broschüre als PDF-Datei heruntergeladen werden.

www.bmas.de

Das Bundesarbeitsministerium informiert über das Allgemeine Gleichbehandlungsgesetz. Geben Sie den Begriff in die Suchmaske ein.

www.power-m.net

Ein Angebot für Frauen, die in den Beruf zurückkehren möchten. Hier gibt es unter anderem Hinweise auf Weiterbildungsmaßnahmen und Fördermöglichkeiten.

www.profiplaza.de

Diese Webseite richtet sich an Frauen, die eine Teilzeitstelle suchen. Wer Mitglied wird (das ist kostenpflichtig), kann auf Informationen und Stellenangebote zugreifen.

www.recht.verdi.de/rechtstipps

Die Gewerkschaft ver.di informiert Eltern über ihre Rechte im Job.

Gehalt

»Ich habe nie vorrangig gearbeitet, um viel Geld zu verdienen«, sagt der (hoch bezahlte) Manager Utz Claassen. Tatsächlich sind die meisten Menschen bereit, für einen erfüllenden Job Abstriche beim Gehalt zu machen. Doch muss man sich diese Einstellung erst einmal leisten können.

Es gibt Jobs und Situationen, in denen das Gehalt zu Recht als zu niedrig empfunden wird. Immer mehr Menschen arbeiten in Niedriglohnjobs. Sie verdienen weniger als zwei Drittel des Durchschnittslohns aller Beschäftigten in Deutschland. Die Grenze zu einem derart schlecht bezahlten Job liegt bei 9,62 Euro pro Stunde im Westen und 7,18 Euro im Osten. Jeder Fünfte arbeitet inzwischen für so wenig Geld.

Auch die Durchschnittsverdiener haben Grund, sich zu beklagen. Die Realeinkommen, also das, was nach Berücksichtigung der Inflation vom Gehalt überbleibt, sind in den vergangenen Jahren gesunken. Das Magazin ›Stern‹ hat die Gehaltsentwicklung in den 100 gängigsten Berufen untersucht. In jedem zweiten Job haben die Realeinkommen demnach seit Anfang der 90er-Jahre abgenommen. Das gilt selbst für 2009, einem Jahr mit geringer Preissteigerung, wie eine Auswertung der Hans-Böckler-Stiftung zeigt.

Dazu kommt die »kalte Progression«: Wer mehr verdient, zahlt nach dem deutschen Steuerrecht auch mehr Steuern. Mit der Folge, dass von einer Gehaltserhöhung netto weniger bleibt als erhofft.

Wenn dann noch die eigenen Lebensumstände zu höheren Ausgaben führen, reicht das Einkommen schnell nicht mehr. Eltern wissen, wie teuer der Nachwuchs mit all seinen vielschichtigen Bedürfnissen kommt, und dann sind da noch die eigenen Wünsche: eine schöne Wohnung (oder gar ein Haus) haben, in Urlaub fahren, die gering bemessene Freizeit genießen. Manche dieser Ansprüche werden erst durch den

Vergleich mit offenbar besser Verdienenden, geweckt. Andere sind existenziell.

Schwierig ist die Situation besonders für Arbeitnehmer, die einen Beruf gewählt haben, der so gut wie keine finanzielle Perspektive bietet. Aber auch wer einen Job mit Entwicklungsmöglichkeiten hat, ist in wirtschaftlich schwierigen Zeiten, in denen alles auf »sparen« und »sich bescheiden« ausgerichtet zu sein scheint, verunsichert: Kann er oder sie es wagen, beim Arbeitgeber mehr Geld zu verlangen?

So wird es besser

Was also tun, wenn der Job nicht mehr hergibt? Die Antwort lautet: das Problem in Angriff nehmen. Viele sind mit ihrer Verdienstsituation unzufrieden, handeln aber nicht. Das mag aus Angst um den Job oder aus Unsicherheit geschehen. Doch wenn Sie nichts unternehmen, bleibt eben auch die Gehaltserhöhung aus.

Sich informieren
Mit wem vergleichen Sie sich, wenn Sie sagen: »Ich verdiene nicht genug.«? Mit Kollegen oder anderen Berufsgruppen? Oder stört Sie Ihre stagnierende berufliche Entwicklung in Ihrem Unternehmen? Es macht schließlich wenig Sinn, beeindruckt auf das Millionengehalt prominenter Manager zu schielen. An der Unzufriedenheit mit dem eigenen Gehalt lässt sich nur etwas ändern, wenn diese auch berechtigt und der Wunsch nach mehr Geld realistisch ist.

Um das herauszufinden, müssen Sie Informationen sammeln. Es gibt viele Gehaltsumfragen, die einen guten Einblick in die Verdienstmöglichkeiten verschiedener Tätigkeiten geben. Diese werden häufig von Gewerkschaften und Personalberatungen im Internet veröffentlicht oder in den Berufs- und Karriereteilen von Zeitungen und Magazinen zitiert *(siehe S. 161f.)*.

Diese Studien geben Ihnen einen groben Überblick, wo Sie mit Ihrem Gehalt stehen. Was Sie dabei immer berücksichtigen müssen: Sie sind nicht eins zu eins auf Ihre Situation übertragbar. Bei der Gehaltshöhe spielen viele verschiedene Faktoren eine Rolle wie Ausbildung, Berufserfahrung, Position, Ort, Branche und Größe des Arbeitgebers. Wenn in einer Gehaltsstudie die Verdienstmöglichkeiten von Hochschulabsolventen mit 40000 Euro jährlich angegeben werden, bedeutet dies nicht, dass jeder Jungakademiker so viel erwarten kann. Das Gehalt hängt auch von der Marktlage ab: Sind Bewerber gerade dringend gesucht oder herrscht Krisenstimmung und Einstellungsstopp?

Eine genauere Einschätzung ermöglichen individuelle Gehaltsanalysen, die kostenpflichtig angeboten werden. Hier wird das Gehalt mit dem Verdienst von Teilnehmern in ähnlichen Positionen verglichen *(siehe S. 166)*.

Nach vorne gehen
Sobald Sie Ihr Gehalt realistisch einschätzen können, sollten Sie die Konsequenzen ziehen. Wenn Sie tatsächlich für Ihre Qualifikation und Position zu wenig verdienen, ist es Zeit für eine Gehaltsverhandlung. Darauf sollten Sie sich sehr gut vorbereiten, damit Ihnen keine Fehler unterlaufen.

Bei der Argumentation gilt es, darauf zu achten, dass die eigene Leistung im Vordergrund steht. Überlegen Sie, was Sie dem Unternehmen bereits gebracht haben und was Sie noch vorhaben. Es geht darum, den Vorgesetzten zu überzeugen, dass Sie mehr Gehalt wert sind.

Auf keinen Fall sollten Sie als Grund für Ihren höheren Gehaltswunsch nennen: hohe private Kosten oder das höhere Gehalt von Kollegen oder ein Jobangebot, das gar nicht existiert. All das würde den Chef verärgern: Das Gehalt soll Ihrer Leistung angemessen sein und nicht Ihrer Miete. Das Gehalt von Kollegen sollten Sie nicht kennen. In vielen Arbeitsverträgen ist darüber Schweigen vereinbart. Und schließlich: Mit einem Jobangebot kann man zwar manchen Vorgesetzten endlich aus der Reserve locken, aber nicht jeden. Sie müssen damit rechnen, dass sich Ihr Gesprächspartner in die Ecke gedrängt fühlt oder Sie auflaufen lässt. Dann müssten Sie als Konsequenz tatsächlich gehen – nur wohin, wenn es die vermeintliche Stellenzusage gar nicht gibt?

Gehen Sie in die Verhandlung mit einer konkreten Vorstellung, was Sie erreichen möchten. Wer mit der vagen Erwartung zum Chef geht »Ich versuche es mal, wäre schön, wenn es mehr gibt«, verhandelt schlechter als jemand, der ein konkretes Ziel vor Augen hat: 50000 Euro Jahresgehalt müssen es sein.

Zur guten Vorbereitung gehört außerdem, die Alternativen zu kennen. Es könnte ja sein, dass der Chef zwar nicht mehr zahlen kann oder will, aber bei steuerfreien Extras nicht Nein sagt. Das kann ein Zuschlag zum Kindergarten oder ein Ticket für den öffentlichen Nahverkehr sein. Dabei bleibt netto schnell mehr übrig als bei einer normalen Gehaltserhöhung.

Erwarten Sie aber dennoch nicht zu viel: Wer im selben Job bleibt, wird in der Regel nicht so viel herausschlagen können, dass es netto einen großen Unterschied macht. Anders sieht es aus, wenn man sich vorstellen kann, mehr Verantwortung zu übernehmen. Dann müssen Sie nicht nur Ihren Vorgesetzten von Ihren Leistungen und Fähigkeiten überzeugen, sondern möglicherweise in Weiterbildungsmaßnahmen investieren.

Alternativen suchen

Nicht immer ist man in Gehaltsverhandlungen erfolgreich. Das kann an der wirtschaftlichen Situation des Unternehmens liegen oder am Vorgesetzten, der nicht bereit ist, seinem Mitarbeiter entgegenzukommen. Bevor Sie beruflich und finanziell auf der Stelle treten, lohnt es sich, einen Jobwechsel in Betracht zu ziehen.

Informieren Sie sich gut über den Stellenmarkt und darüber, welche Entwicklungsmöglichkeiten Sie in Ihrem Beruf haben. Achten Sie bei der Jobsuche darauf, dass Ihnen ein neuer Job auch tatsächlich bessere Perspektiven bei der beruflichen Entwicklung und dem Gehalt bietet. Aufschlussreich kann es sein, sich über die Verdienstmöglichkeiten in ähnlichen Tätigkeiten beispielsweise in anderen Branchen zu informieren. Vielleicht können Sie sich auch über Fortbildungen neue und lukrativere Aufgabengebiete erschließen.

Ist ein neues Jobangebot da, wechseln Sie nicht voreilig. Gerade in wirtschaftlich schwierigen Zeiten ist es wichtig, abzuwägen. Ein Jobwechsel ist immer auch mit einem Risiko verbunden. Sie haben eine Probezeit, in der Sie leicht gekündigt werden können. Und manche Arbeitgeber versprechen Bewerbern das Blaue vom Himmel, halten sich aber nicht daran. Versuchen Sie, zu Ihrem jetzigen Job fair zu sein: Was ist das Gute an Ihrer Position? Macht Ihnen die Arbeit Spaß? Kann das Unternehmen zwar momentan nicht mehr zahlen, aber vielleicht später?

Wenn Ihnen Ihr Job Spaß macht und Sie eigentlich dabeibleiben wollen oder wenn Sie einen Beruf haben, in dem die Verdienst- und Aufstiegsmöglichkeiten begrenzt sind, können Sie – wenn Sie den zeitlichen Spielraum haben – Ihr Gehalt mit einem Nebenjob aufbessern. Mit einem Minijob lassen sich 400 Euro im Monat abgabenfrei hinzuverdienen. Aber Vorsicht: Sie sollten zunächst Ihren Arbeitgeber fragen, ob er nichts dagegen hat, dass Sie in Ihrer Freizeit für ein anderes Unternehmen arbeiten. Ansonsten könnten Sie abgemahnt werden.

Link-Hinweise

www.bundesfinanzministerium.de

Das Bundesfinanzministerium bietet einen interaktiven Abgabenrechner. Hier lässt sich berechnen, wie viel netto von einer Gehaltserhöhung übrig bleibt.

www.lohnspiegel.de

Die Gewerkschaften bieten hier eine anonyme Gehalts-
umfrage, an der alle Berufstätigen teilnehmen können. Die
Daten werden wissenschaftlich ausgewertet und dann auf
dieser Seite kostenfrei und für jedermann zugänglich veröffentlicht.

www.sueddeutsche.de

Die ›Süddeutsche Zeitung‹ informiert samstags auf der
Seite »Beruf und Karriere« unter anderem über die neuesten
Gehaltsumfragen, im Internet wird täglich aktuell berichtet.

Ungerechtigkeit

Tarifbeschäftigte haben es gut: Ihr Verdienst ist festgelegt und sie profitieren von regelmäßigen Gehaltserhöhungen ohne ihr Zutun. Tarifbeschäftigte haben es schlecht: Mehr als das festgelegte Gehalt gibt es nicht für sie. Anders sieht es bei Arbeitnehmern in Führungspositionen aus, die außertariflich bezahlt werden, und bei Mitarbeitern von Unternehmen, die nicht nach Tarif zahlen. Bei ihnen wird das Gehalt zwischen Mitarbeiter und Arbeitgeber frei verhandelt.

Dabei gilt: In Unternehmen ohne Tarifbindung liegen die Gehälter nicht automatisch höher. Es ist Sache des Mitarbeiters, das Beste für sich herauszuholen. Wer sich im Vorfeld der Gehaltsverhandlung gut über seine Verdienstmöglichkeiten informiert hat, ist da im Vorteil. Ebenso jene, die durch ihre Qualifikation und Persönlichkeit oder einen günstigen Zeitpunkt so punkten können, dass der Arbeitgeber ein Interesse hat, sie anzustellen beziehungsweise im Unternehmen zu halten. Alle anderen ziehen den Kürzeren. Sie verdienen weniger.

Kein Mitarbeiter hat etwas gegen unterschiedliche Verdienstmöglichkeiten – vorausgesetzt, sie sind begründet, nachvollziehbar und gerecht. Dass der Vorgesetzte mehr verdient oder ein Kollege im Vertrieb, der deutlich mehr verkauft hat, wird akzeptiert. Schwierig ist es, wenn die Gehaltsdifferenzen allein am Verhandlungsgeschick des Einzelnen zu liegen scheinen, wenn trotz gleicher Qualifikation und Position unterschiedlich bezahlt wird.

Bestenfalls wissen die Kollegen nichts von solchen Verdienstunterschieden. Gerade Unzufriedenheit kann aber dazu führen, dass sich Kollegen dennoch über ihre Gehälter austauschen. Ist der Ballon erst einmal geplatzt und sind unterschiedliche Einkommen bekannt, wird die Unzufriedenheit noch größer. Jetzt ist sie gepaart mit einem Gefühl der Ungerechtigkeit: Warum verdienen andere mehr als ich?

So wird es besser

Es gibt im Arbeitsalltag viele Ursachen für Ärger und Neid unter Kollegen. Unterschiedliche Gehälter sind nur eine davon. Ist die Verdienststruktur nicht transparent und an objektiv nachvollziehbaren Kriterien wie Berufserfahrung und Führungsverantwortung orientiert, fahren alle am besten mit der Strategie »Was ich nicht weiß, macht mich nicht heiß«. Wenn Sie dennoch selbst erfahren sollten, dass Sie zu den vergleichsweise schlechter bezahlten Mitarbeitern gehören, hilft nur eines: daraus zu lernen.

Diskretion üben
Verschwiegenheitsklauseln im Arbeitsvertrag machen Sinn. Wer sie bricht und im Kollegenkreis offen über Gehälter spricht, verärgert den Arbeitgeber, falls dieser davon erfährt. Er muss dann sogar mit einer Abmahnung wegen Störung des Betriebsfriedens rechnen. Auch der Arbeitsstimmung und der Zusammenarbeit im Team ist damit nicht geholfen. Kollegen, die weniger verdienen, fühlen sich ungerecht behandelt und sind frustriert. Kollegen, die mehr verdienen, werden plötzlich kritischer gesehen und müssen sich für ihr – aus ihrer eigenen Sicht angemessenes – Gehalt rechtfertigen.

Es empfiehlt sich daher, das Gehalt diskret zu behandeln. Halten Sie Ihre Neugier über die Verdienste der anderen im Zaum. Informieren Sie sich anderweitig darüber, ob Ihr Gehalt angemessen ist. Und das unabhängig davon, ob Sie mit Ihrem eigenen Verdienst zufrieden sind oder nicht: Halten Sie sich für unterbezahlt, ist es gut herauszufinden, ob Sie tatsächlich mehr verdienen könnten – und wenn ja, wie viel. Sind Sie mit Ihrem Gehalt zufrieden, schadet es dennoch nicht, ein Gespür für den eigenen Marktwert zu bekommen.

Wenn Sie von Kollegen nach Ihrem Gehalt gefragt werden, lassen Sie sich nicht überreden, dieses preiszugeben. Es geht die anderen schlicht nichts an.

Wieder abkühlen

Beim Gehalt sitzt der Arbeitgeber am längeren Hebel. Er kann mehr bezahlen, muss aber nicht. Wenn Sie zu den Kollegen gehören, die weniger verdienen als andere, lassen Sie sich nicht von Ihrem Ärger zu unüberlegten Reaktionen und Gehaltsforderungen hinreißen.

Versuchen Sie, möglichst nüchtern zu ergründen, woran der Gehaltsunterschied liegen könnte: Haben andere einfach besser verhandelt? Waren sie in einer besseren Verhandlungsposition, weil eine Stelle dringend besetzt werden musste? Bringen die Kollegen bessere Qualifikationen mit oder ist womöglich der Vorgesetzte von ihren Leistungen stärker überzeugt? Das wird Ihnen Hinweise geben, wie realistisch es ist, mehr Gehalt zu fordern.

Wenn Sie mit Ihrem Gehalt unzufrieden sind, sollten Sie versuchen, mehr herauszuholen. Begehen Sie nicht den Fehler, mit dem höheren Gehalt Ihrer Kollegen zu argumentieren. Kein Chef zahlt Ihnen mehr, weil der Kollege mehr verdient. Es geht allein um Ihre Leistung und darum, was Sie dem Unternehmen künftig bringen.

Weitere Hinweise für die Gehaltsverhandlung lesen Sie im Kapitel »Ebbe im Geldbeutel«.

Wenn Sie mit Ihrem Gehalt eigentlich zufrieden sind, es Sie aber wurmt, dass andere mehr verdienen, versuchen Sie, über Ihren Neid hinwegzugehen. Neid bringt Sie nicht weiter, sondern macht nur schlechte Laune. Lernen Sie lieber daraus für die nächste Gehaltsverhandlung und nehmen Sie sich Ihre besser verdienenden Kollegen dann zum Vorbild.

Vorbeugen

Der Betriebsrat kann sich für ein transparenteres und gerechteres Gehaltsgefüge im Unternehmen einsetzen. Das hilft bei kurzfristigen Unstimmigkeiten wegen unterschiedlicher Verdienste nicht weiter, kann aber langfristig allen Kollegen zu mehr Zufriedenheit (und manchen zu mehr Geld) verhelfen.

Link-Hinweis

www.personalmarkt.de

Das Unternehmen Personalmarkt bietet eine kostenpflichtige individuelle Gehaltsanalyse an.

Leistungsbezahlung

Bezahlung nach Leistung klingt gut: Endlich wird einmal wirklich das honoriert, was man schafft. So weit die Theorie. In der Praxis hat diese Gehaltsvariante auch ihre Nachteile.

Bezahlung nach Leistung wird sich in den kommenden Jahren in deutschen Unternehmen weiter verbreiten. Früher wurde dieses Vergütungsmodell vor allem bei Führungskräften und im Vertrieb angewandt. Inzwischen werden auch Fachkräfte danach bezahlt.

Dabei wird ein zuvor festgelegter Teil des Gehalts, der Bonus, nicht monatlich ausgezahlt, sondern einmal jährlich. Die Höhe schwankt mit der Leistung des Mitarbeiters. Kann er seinen Vorgesetzten überzeugen, erhält er den vollen Bonus. Andernfalls gibt es weniger.

Um die Leistung zu überprüfen, werden im Vorfeld bestimmte Ziele vereinbart, die der Mitarbeiter erreichen muss. Häufig hängt sein Bonus jedoch nicht ausschließlich von seinem eigenen Einsatz ab, sondern es fließen auch andere Kriterien ein wie der Geschäftserfolg des ganzen Unternehmens oder teamübergreifende Ziele.

Das bedeutet, dass auch ein sehr guter Mitarbeiter nicht unbedingt den vollen Bonus erhält. Außerdem wird die Leistungsbezahlung nicht immer so transparent und vorbildlich eingeführt, dass die Mitarbeiter ihre Bewertung nachvollziehen und akzeptieren können. Das ist der Fall, wenn die vereinbarten Ziele entweder unerreichbar sind oder so schwammig formuliert werden, dass der Streit zwischen Mitarbeiter und Vorgesetzten vorprogrammiert ist: Ist das Ziel nun erreicht oder nicht? Dazu kommt, dass manche Unternehmen bei der Einführung von Leistungsbezahlung den Bonus vom zuvor festen Gehalt abzwacken. Aus Sicht der Mitarbeiter wird ihnen so ein Teil ihres Verdienstes, der ihnen bislang zustand, weggenommen und zur Verfügungsmasse. Das sorgt für Frust. All das führt dazu, dass »Leistungsbezahlung« besser klingt, als sie von vielen Arbeitnehmern wahrgenommen wird.

So wird es besser

Ob im Unternehmen nach Leistung bezahlt wird oder nicht und wie diese Vergütungsform gestaltet wird, kann der einzelne Mitarbeiter selbst nicht beeinflussen. Ihm bleibt nur, sich so gut es geht mit dem System zu arrangieren und Nachteile zu vermeiden. Vor allem in Gesprächen zu Zielvereinbarungen müssen Sie aufmerksam sein.

In der Gehaltsverhandlung auf der Hut sein
Gibt es im Unternehmen Leistungsbezahlung, heißt es schon für Bewerber gut aufzupassen. Zwar ist es üblich, ein Jahresgehalt zu vereinbaren. Aber entscheidend ist, wie es sich zusammensetzt. Wie hoch ist das Monatsgehalt? Kommen Urlaubs- und Weihnachtsgeld oder sonstige Leistungen dazu? Und wie ist die Leistungsbezahlung geregelt? Welche Kriterien bestimmen die Höhe des Bonus? Wann wird er ausgezahlt?

Achten Sie darauf, dass der Bonus keinen zu hohen Anteil am Gesamtgehalt hat. Es gibt zwar keine festen Regeln dazu. Meist liegt er bei Fachkräften zwischen fünf und fünfzehn Prozent. Bei Führungskräften und Mitarbeitern im Vertrieb kann er deutlich höher sein, ein Viertel und mehr des Gesamtgehalts ausmachen. Dabei macht es einen Unterschied, ob der Bonus in einer bestimmten Höhe garantiert ist oder vom Unternehmen jederzeit einseitig gestrichen werden kann.

Falls alle diese Fragen im Gehaltsgespräch noch nicht geklärt werden, sind die Details spätestens im Arbeitsvertrag zu finden. Lesen Sie sich diesen aufmerksam durch. Wenn Ihnen dabei etwas unklar erscheint, klären Sie das, bevor Sie unterschreiben. Falls Sie sich unsicher in der Einschätzung sind, können Sie beim Betriebsrat oder Ihrer Gewerkschaft nachfragen.

Auch wer schon im Unternehmen arbeitet, muss bei Gehaltsgesprächen auf der Hut sein. Wenn die Leistungsbezahlung im Unternehmen vorbildlich geregelt ist, kann eine Gehaltserhöhung auch über einen höheren Bonus interessant sein. Falls nicht, sollte sich auf jeden Fall auch das Monatsgehalt nach oben bewegen oder es steuerfreie Extras geben.

Lesen Sie mehr zu steuerfreien Extras in den Kapiteln »Ebbe im Geldbeutel« und »Firmenwagen«.

Ziele richtig formulieren
Eigentlich sollten Führungskräfte, die Zielgespräche führen, dafür geschult sein. Leider ist dies nicht immer der Fall. Dann heißt es für den Mitarbeiter, wachsam zu sein, damit er auch nur überprüfbare Ziele unterschreibt.

Das Ziel »Das IT-Projekt xy muss bis zum Soundsovielten fertig sein« ist zum Beispiel nicht überprüfbar. Der Streit darüber, was »fertig« bedeutet, ist hier schon vorprogrammiert. Besser ist es, konkret zu formulieren, etwa »Das IT-Projekt muss vom Vorgesetzten (oder von dem Kunden) abgenommen sein« oder »Die Software muss bis zu einem bestimmten Datum implementiert sein und fehlerfrei laufen«.

Ein Zielgespräch wäre der falsche Platz, um den Chef beeindrucken zu wollen. Entscheidend ist, dass die Ziele realistisch sind. Wenn Sie selbst Vorschläge machen oder Vorgaben unterschreiben, die unerreichbar sind, ist der Frust vorprogrammiert. Bleiben Sie auf dem Boden der Tatsachen, übernehmen Sie sich nicht, ein Jahr (über diesen Zeitraum erstrecken sich Zielvereinbarungen in der Regel) ist zwar lang, aber wer weiß, welche Unwägbarkeiten es bereithält, die manche Ziele gefährden können.

Sich auf das Leistungsgespräch vorbereiten
Bevor der Bonus ausgezahlt wird, gibt es normalerweise ein Gespräch zwischen Mitarbeiter und Vorgesetztem. Hier

erfährt der Mitarbeiter, wie sein Chef ihn und seine Ziel-
erreichung bewertet. Es empfiehlt sich, sich auf dieses Zusammentreffen sehr gut vorzubereiten.

Lesen Sie noch einmal die Zielvereinbarung und deren
Regeln genau durch und rekapitulieren Sie selbst das vergan-
gene Jahr: Was ist gut gelaufen, was weniger gut? Wo stehen
Sie jetzt? Wie würden Sie sich selbst einschätzen?

Der Vorgesetzte wird zwar in seiner Bewertung nicht mit
sich diskutieren lassen, aber es könnte nötig sein, manches zu
erklären oder geradezurücken. Es ist auch möglich, dass dem
Chef ein Fehler unterläuft, etwa weil er sich an die genaue
Vereinbarung nicht erinnert oder Geschehenes falsch ein-
ordnet. Dann kann es entscheidend sein, die Fakten parat zu
haben.

Emotionale Ausbrüche vermeiden
Wie auch immer das Gespräch verläuft: Reagieren Sie be-
sonnen. Unüberlegte Äußerungen und Gefühlsausbrüche
belasten das Verhältnis unnötig. Selbst wenn Sie über die
Bewertung enttäuscht oder wütend sein sollten, reagieren
Sie in jedem Fall ruhig und vergreifen Sie sich nicht im Ton.
Das klingt leichter, als es ist, vor allem, wenn Kritik Sie un-
vorbereitet trifft. Übereilen Sie Ihre Antwort nicht, atmen Sie
ruhig durch und nehmen Sie sich Zeit nachzudenken, bevor
Sie sprechen.

Eine Leistungsbeurteilung ist keine Kritik an Ihrer Person.
Es geht allein um die Bewertung von Arbeitsergebnissen. Es
gibt also keinen Grund, sich persönlich angegriffen zu fühlen.

Vor allem, wenn die Beurteilung nicht gut ausfällt, ist die
Situation auch für den Vorgesetzten unangenehm und die
Atmosphäre an sich schon angespannt. Legen Sie nicht jedes
Wort auf die Waagschale. Manches ist nicht so gemeint, wie es
im ersten Moment klingt.

Wenn die Bewertung schon in Folge nicht Ihren Erwartungen entspricht, nehmen Sie sich vor, das Verhältnis zu Ihrem
Vorgesetzten zu verbessern, ihn für sich zu gewinnen. Kas-

sieren Sie zum ersten Mal eine schlechte Beurteilung, setzen Sie alles daran, das Ruder wieder herumzureißen. Bedenken Sie: Die Arbeit für den nächsten Bonus beginnt schon jetzt, während Sie noch im Beurteilungsgespräch über die vergangene Prämie sitzen.

Guten Willen zeigen
Bleiben Sie offen für die Kritik Ihres Vorgesetzten, auch wenn er Sie schlecht bewerten sollte. Wenn es Ihnen gelingt, souverän mit Kritik umzugehen und freundlich zu bleiben, wird nicht nur das Gespräch entspannter verlaufen. Sie werden damit sogar einen Pluspunkt machen.

Sie kommen nun einmal nicht an Ihrem Chef vorbei. Also sollten Sie versuchen, so gut wie möglich mit ihm auszukommen. Das bedeutet auch, seine Erwartungen zu kennen. Hören Sie aufmerksam zu und haken Sie nach, wenn Ihnen unklar ist, was der Vorgesetzte meint. Lassen Sie es nicht bei einem Monolog bleiben, sondern besprechen Sie gemeinsam das vergangene Jahr. Fragen Sie nach, wie etwas anders hätte laufen oder gemacht werden können, um die Vorstellungen des Chefs besser einschätzen zu können.

Meist bleibt es im Beurteilungsgespräch nicht beim Rückblick. Es werden auch die Ziele für das kommende Jahr vereinbart. Hier sind Sie im Vorteil, wenn Sie sich bereits Gedanken über die möglichen nächsten Ziele gemacht haben.

Klopfen Sie möglichst konkret die Erwartungen des Vorgesetzten ab. Sinnvoll ist es, darum zu bitten, häufiger ins Gespräch zu kommen. So kann der Chef bereits während des Jahres Feedback geben. Sie wissen dann, ob Sie auf dem richtigen Weg sind. Falls nicht, haben Sie noch Zeit, auf die Anforderungen zu reagieren. Am besten, Sie vereinbaren gleich den nächsten Termin oder fragen, ob Sie deswegen auf ihn zukommen dürfen.

Achten Sie bei der Zielvereinbarung für das kommende Jahr auf jeden Fall darauf, dass die Ziele überprüfbar und für Sie realisierbar sind.

Unterstützung holen

Wenn Sie bereits zum wiederholten Mal eine schlechte Bewertung erhalten haben und den Eindruck haben, alleine nicht aus Ihrer Rolle herauszukommen und beim Vorgesetzten keine wirkliche Chance zu haben, könnte ein Coaching aufschlussreich sein. Coaches sind persönliche Berater, die in schwierigen und anspruchsvollen beruflichen Situationen weiterhelfen. Mit der Hilfe eines Experten können Sie dem Grund für das angespannte Verhältnis zu Ihrem Chef auf die Spur kommen. Ein Coach kann Ihnen aufzeigen, wie Sie diese schwierige Situation wieder zu Ihren Gunsten beeinflussen können.

Bevor Sie das Geld in eine Coachingberatung investieren, informieren Sie sich gut über Ausbildung und Referenzen Ihres Coaches und darüber, ob er schon Erfahrung mit ähnlichen Problemstellungen hat.

Link-Hinweise

www.coaching-report.de

Die Webseite Coaching Report informiert über Coaching und nennt Kriterien für die Auswahl des richtigen Coaches.

www.vorgesetzter.de

Diese Webseite richtet sich an Führungskräfte, einige Artikel sind aber auch für Mitarbeiter interessant zu lesen. Geben Sie das Stichwort »Zielvereinbarungsgespräch« in die Suchmaske ein.

Der Anblick der Autos auf dem Unternehmensparkplatz weckt bei manchem Mitarbeiter Neid. Unter leitenden Angestellten ist das Dienstauto weit verbreitet. Wie eine Studie der Personalberatung Kienbaum zeigt, fahren ihn drei Viertel der Topmanager in Deutschland, auf der zweiten Führungsebene ist es fast jeder Zweite.

Und sie haben nicht irgendwelche Autos. Geschäftsführer dürfen im Schnitt einen Wagen im Wert von 60 000 Euro lenken. Angestellte der zweiten Leitungsebene verfügen immerhin über ein Auto im Wert von 34 000 Euro. Am häufigsten werden Modelle von Audi, BMW, Mercedes und VW genutzt.

In der Regel dürfen die Firmenautos auch privat genutzt werden. Kein Wunder, dass sie Sehnsuchtsobjekt vieler Mitarbeiter sind – vor allem, wenn diese sich sowieso unterbezahlt fühlen.

So wird es besser

Wenn Sie an einem Firmenwagen Interesse haben, ist eine Gehaltsverhandlung der richtige Rahmen, um Ihren Wunsch zu äußern. Zwar gilt das Dienstauto noch als Statussymbol, aber es gibt bereits Unternehmen, die aus Motivationsgründen Arbeitnehmern unabhängig von der Hierarchieebene einen Dienstwagen zur Verfügung stellen. Im Gehaltsgespräch sollten Sie nicht nur den Firmenwagen, sondern auch andere Gehaltsextras auf dem Radar haben.

Es versuchen
Firmenwagen haben den Vorteil, steuerlich begünstigt zu sein. Das macht sie auch für Arbeitgeber interessant. Wenn ein Mitarbeiter für ein Auto auf einen Teil seines Bruttoloh-

nes in Höhe der Leasingrate verzichtet, hat auch der Arbeitgeber weniger Lohnnebenkosten.

Der Vorteil für den Mitarbeiter: Er zahlt weniger Einkommenssteuer und Sozialabgaben und kann auch privat einen Neuwagen fahren, ohne diesen finanzieren zu müssen. Dafür muss er das Auto als geldwerten Vorteil versteuern. Dabei gibt es zwei Möglichkeiten: Entweder wird pauschal ein Prozent des Listenpreises versteuert oder der Mitarbeiter muss ein Fahrtenbuch führen.

Wenn Sie sich einen Firmenwagen wünschen, sprechen Sie das in der Gehaltsverhandlung an. Lassen Sie sich aber nicht von der Symbolkraft eines Dienstwagens bestechen. Überlegen Sie gut, ob sich dieses Gehaltsextra für Sie lohnt. Immerhin werden Sie dafür auf einen Teil Ihres Bruttogehalts verzichten – es sei denn, der Arbeitgeber stellt das Auto on top zur Verfügung. Es empfiehlt sich, das von einem Steuerberater berechnen zu lassen.

Auf die Details achten

Wenn Ihnen der Chef einen Firmenwagen zusagt, gilt es auf die Details zu achten: Welches Modell wird Ihnen gestellt? Ist geregelt, dass Sie das Auto auch privat nutzen dürfen? Übernimmt der Arbeitgeber Kosten der Wartung? Wer zahlt das Benzin? Was ist im Falle einer Kündigung?

Andere Steuervorteile kennen

Wenn es kein Firmenwagen wird, müssen Sie nicht geknickt sein. Es gibt andere Steuervorteile, die Ihnen netto mehr bringen können als eine einfache Gehaltserhöhung. Dazu gehört die private Nutzung von Computern und Handys, aber auch Jobtickets, mit denen der Arbeitgeber Fahrtkosten zur Arbeit und zurück übernimmt.

Lesen Sie dazu bitte das Kapitel »Ebbe im Geldbeutel«.

Informieren Sie sich unbedingt, welche Gehaltsextras es gibt, damit Sie gut vorbereitet in die Gehaltsverhandlung gehen können und nicht alles auf die Karte Firmenauto setzen müssen. Empfehlenswert ist das Steuer-Spezial-Heft der Stiftung Warentest *(siehe S. 223)*. Recherchieren Sie auch, welche Gehaltsextras Ihr Unternehmen Ihnen möglicherweise bereits zahlt, ohne dass es Ihnen bewusst ist. Es wäre peinlich, in der Gehaltsverhandlung etwas zu fordern, was Sie längst erhalten.

Link-Hinweis

www.einkommensrechner.bmas.de

Das Bundesarbeitsministerium stellt im Internet einen Einkommensrechner zur Verfügung, der zeigt, was netto vom Bruttogehalt übrig bleibt.

Benimm

Knigge-Bedenken
Ich bin unsicher, ob ich mich richtig benehme

Etiketteratgeber und -seminare haben in den vergangenen Jahren einen Aufschwung erlebt. Gerade im Zusammenhang mit Beruf und Karriere werden viele Empfehlungen ausgesprochen. Das zeigt, wie wichtig gutes Benehmen für berufliches Vorankommen ist.

Tatsächlich kann man aber ständig im Berufs- wie im Privatleben beobachten, wie gegen die einfachsten Regeln guten Benehmens verstoßen wird. Es wird nicht gegrüßt, obwohl man einander kennt. Auf der Straße, aber auch in Kaufhäusern oder öffentlichen Verkehrsmitteln wird man angerempelt, ohne dass eine Entschuldigung käme. In der Kantine beweisen viele Kollegen schlechte Tischsitten und beim Miteinander im Job werden oft die gängigsten Höflichkeitsregeln, wie beispielsweise einfach »danke« zu sagen, vergessen.

Auch beim Dresscode werden viele Fehler gemacht. Vor allem dann, wenn die Kleidung vom Unternehmen nicht vorgeschrieben ist. Beim Autobauer BMW beispielsweise sorgte das Thema für so viel Ärger, dass sogar die Öffentlichkeit davon Wind bekam. In einer internen Mail hieß es tadelnd, dass man seit Jahren mit wachsendem Unmut den zunehmenden Trend vieler Mitarbeiter beobachte, »in ungepflegter Freizeit- oder gar Strandbekleidung« zur Arbeit zu erscheinen.

Offenbar ist es trotz Etiketteberater mit dem guten Benehmen der meisten Menschen nicht weit her. Dafür hat der Knigge-Boom zu einer großen Unsicherheit geführt. Vielen ist dadurch erst bewusst geworden, dass sie Nachhilfe brauchen. Sie möchten sich richtig benehmen, wissen aber in manchen Situationen nicht, was richtig, was falsch ist. Dabei wird die Ehrfurcht vor der Etikette vor lauter Unsicherheit fast ein wenig übertrieben. So schwer ist gutes Benehmen gar nicht.

So wird es besser

»Manieren sind Ausdruck einer inneren Haltung«, sagt Asfa-Wossen Asserate, Autor des Buches ›Manieren‹. Es geht nicht darum, möglichst viele Benimmregeln auswendig zu kennen. Gutes Benehmen ist eine Frage der Höflichkeit seinen Mitmenschen gegenüber. Wer sich rücksichtsvoll verhält, macht nichts falsch. Damit beantworten sich auch viele typische Knigge-Fragen von selbst.

Höflich sein
Ein häufig zu beobachtender Fehler ist es beispielsweise, das Handy in einem Meeting oder gar Vieraugengespräch angeschaltet zu lassen. Das ist sehr unhöflich, denn damit signalisiert man den Anwesenden, dass sie weniger wichtig sind als mögliche Anrufer. Auch mit dem Handy in geschlossenen Räumen, beispielsweise während der Fahrt mit öffentlichen Verkehrsmitteln, zu telefonieren, zeugt nicht gerade von Rücksicht. Schließlich müssen die Mitreisenden gezwungenermaßen zuhören.

Auch bei der Kommunikation via E-Mail vergessen viele ihr gutes Benehmen: Wer eine Nachricht ohne Anrede und voller Abkürzungen erhält, fragt sich zu Recht, ob er dem Absender nicht einmal die Zeit wert ist, eine Begrüßungsformel zu schreiben.

Oft sieht man auch, wie eilige Mitmenschen durch Aus- und Eingänge stürmen und die Tür hinter sich zuschlagen lassen, sodass der Nachkommende von Glück sagen kann, wenn sie ihm nicht an den Kopf schlägt. Die gängige Ausrede, man habe den anderen nicht bemerkt, gilt nicht. Schließlich hätte man sich umdrehen können. Schwierigkeiten haben viele Menschen offenbar auch mit dem Grüßen. Man sieht und erkennt einander, aber im entscheidenden Moment wird der Kopf abgewandt und geschwiegen. Das mag manchmal aus Unsicherheit passieren, ist aber grob unhöflich. Richtig ist: Es grüßt, wer als Erster den anderen sieht.

Sich passend kleiden

Unterschätzen Sie den Dresscode nicht. Während bei Mitarbeitern von Banken und Versicherungen nach wie vor Anzug und Kostüm dominieren, gibt es heute in vielen Unternehmen keine festen Kleidervorschriften mehr. Das führt dazu, dass manche Kollegen sehr lässig erscheinen – da ist dann alles zu sehen, von löchrigen Hosen bis zu Flip-Flops und tiefen Dekolletés.

Das ist ein großes Missverständnis. Wenn Vorschriften fehlen und sich offenbar jeder kleidet, wie er mag, bedeutet dies nicht, dass alles möglich ist. In Kleidungsfragen gibt es einen Unterschied zwischen Freizeit und Beruf. Privat mögen Flip-Flops im Sommer bequem sein, tiefe Ausschnitte verführerisch und die Löcherhose der letzte Trend. Im Job ist dies unpassend.

Bedenken Sie bei der Kleiderwahl immer, welches Bild Sie von sich abgeben (wollen). Wer hoch hinauf will, orientiert sich am Dresscode der Vorgesetzten und kleidet sich entsprechend seriös. Frauen hilft im Zweifelsfall die Überlegung, dass es im Job um die fachlichen Kompetenzen geht. Wer Kollegen und Vorgesetzten sehr offensichtlich seine weiblichen Reize vorführt, wird es schwerer haben, fachliche Anerkennung zu finden.

Schön essen

Ob einer eine gute Kinderstube hat, zeigt sich schnell beim gemeinsamen Essen. Dabei würden auch hier gesunder Menschenverstand und Rücksicht gegenüber den Tischgenossen ausreichen, um nichts falsch zu machen. Kleine Fauxpas werden verziehen. Unannehmbar (weil eine Zumutung für die Tischgenossen) ist: Sprechen mit vollem Mund, mit dem Besteck in der Luft herumfuchteln, das Essen auf dem Teller so zu behandeln, dass es unansehnlich wird (Kartoffeln zermatschen etc.), Zahnstocher benutzen oder aufstehen, während andere noch essen, sowie Gesprächsthemen, bei denen empfindlichen Gemütern der Appetit vergehen kann.

Wenn Sie zu einer feinen Essenseinladung gehen und sich bei manchen Gerichten oder bei der Wahl der Gläser unsicher fühlen: Beobachten Sie diskret die Anwesenden und tun Sie es Ihnen gleich.

Wer mit seiner Unsicherheit Schluss machen will, kann ein Seminar besuchen. Es gibt Etikettetrainings mit verschiedenen Schwerpunkten, darunter auch die Tischsitten.

Link-Hinweise

www.freiherr-von-knigge.de

Was rät Knigge? Sein Werk im Internet, nach Themenbereichen verlinkt.

www.knigge.de

Hier ist alles über richtiges Benehmen zu erfahren. Auch Fragen werden beantwortet. Zu den Autoren zählt Alexander Freiherr Knigge, ein Nachfahre des berühmten Adolph Freiherr Knigge.

Betriebsfeier

»Weihnachtsfeiern können den Job kosten«, »Darf man seinen Chef eine arme Sau nennen?«, »Wie Sie die Weihnachtsfeier überleben«: Jedes Jahr im Dezember gibt es in Zeitungen und Magazinen Tipps, wie man sich bei der betrieblichen Weihnachtsfeier verhalten und was man unter allen Umständen vermeiden soll. »Was kann daran so schwierig sein?«, mag man fragen. Schließlich ist man wie jeden Tag mit Chef und Kollegen zusammen.

Das stimmt, jedoch verführt der vermeintlich lockere Rahmen dazu, sich anders zu benehmen als im Arbeitsalltag. Und das kann schiefgehen. Plötzlich erhalten Kollegen ein ganz anderes Bild voneinander. Führungspersönlichkeiten, die sonst einschüchternde Autorität verbreiten, drehen sich sichtlich angeheitert mit Auszubildenden im Kreis. Praktikanten werden persönlich und stellen Fragen, die sie besser nicht gestellt hätten (»Wie alt bist du, äh, Sie denn?«). Zurückhaltende Kolleginnen rauchen plötzlich Zigaretten und schnattern ohne Ende.

Doch auch wenn die Stimmung fröhlich ist und der Ernst der Arbeit weit weg scheint: Unbeobachtet und unkommentiert bleibt kein Verhalten auf einer Weihnachtsfeier. Mit einem unerwarteten Auftritt katapultiert man sich unversehens in den Mittelpunkt des Büroklatsches. Unter Umständen kann eine unvergessene Weihnachtsfeier sogar zum Karrierealptraum werden.

So wird es besser

Bei einer Betriebsfeier ist es ratsam, immer im Hinterkopf zu haben, dass man weder auf einer Studentenparty noch auf einer privaten Feier ist. Das heißt nicht, dass man keinen

Spaß haben darf. Man sollte sich nur bewusst sein, welche Figur man von sich abgibt und abgeben möchte.

An den nächsten Arbeitstag denken
Der Rat klingt banal und mag mit einem »Wie langweilig!« abgetan werden, aber hier ist er dennoch: Sprechen Sie dem Alkohol nicht zu sehr zu. Genießen Sie nur so viel, dass Sie immer die Kontrolle über Ihre Äußerungen behalten. Das gilt auch, wenn es sehr ausgelassen zugeht.

Wer offensichtlich angeheitert oder gar betrunken ist, kann sich sicher sein: Sein Verhalten wird (vor allem von den nüchternen Kollegen) beobachtet. Leider bleibt es dann nicht bei der Beobachtung. Grenzüberschreitungen oder sonstige Peinlichkeiten werden zum Gegenstand des Bürotratsches und mit Sicherheit niemals vergessen. Im Gegenteil: Sie werden alljährlich anlässlich der Weihnachtsfeier wieder aufgewärmt mit einem genüsslichen »Weißt du noch …!«.

Bei vielen löst der Alkohol die Zunge. Vorsicht: Vertraulichkeiten jeder Art sind bei Betriebsfeiern nicht gut aufgehoben. Das gilt sowohl für persönliche Bekenntnisse (»Meine Frau hasst mich«) wie für betriebliche Interna (»Dem xy wird bald gekündigt«). Beides wird mit Sicherheit nach der Feier die Runde machen – es sei denn, Sie geraten an einen äußerst diskreten Menschen, von denen es nicht nur in den Büros leider sehr wenige gibt.

Rechtzeitig das Weite suchen
Auf Betriebsfeiern sind schon viele zärtliche Bande geknüpft worden. Manche davon halten ein Leben lang. Wenn Sie jedoch eher Interesse an einer kurzfristigen Liaison haben, Ihre Zuneigung gerne vertraulich behandelt wissen möchten und nicht vorhaben, als Schürzenjäger oder »Männermörderin« in die Unternehmensgeschichte einzugehen, gilt dasselbe wie beim Alkohol: Halten Sie sich zurück. Schon ein völlig harmloser Flirt reicht und die Gerüchteküche brodelt. Verabreden Sie sich mit Ihrem/Ihrer Angebeteten lieber alleine.

Mit dem Du vorsichtig sein

Manche Kollegen und auch Vorgesetzte werden bei Alkohol-konsum ungewohnt zutraulich. In solcher Stimmung wird dann überraschend und vorschnell das Du angeboten. Wenn Sie darauf eingehen, müssen Sie wissen: Es gilt unter Um-ständen nur für diesen Abend. Denn es besteht die Möglich-keit, dass der Betreffende es am nächsten Tag entweder ver-gessen hat oder es ungeschehen machen will. Warten Sie also ab, wie er oder sie Sie anredet. Bleibt es beim Du, können Sie auch weiterhin duzen. Werden Sie dagegen plötzlich gesiezt, so wissen Sie: Das Du war nur eine Feierlaune.

Generell gilt beim Duzen die Regel, dass der Ranghöhere das Du anbietet.

Trotzdem hingehen

Wenn Sie jetzt denken: »Feiern ohne Spaß dabei – dann lasse ich es eben«, sprechen Sie vielen Weihnachtsfeierveteranen aus dem Herzen. Dennoch sollten Sie nicht nach einer Aus-rede suchen, um der Veranstaltung fernbleiben zu können. Gehen Sie hin. Betriebsfeiern sind ein guter Anlass, um mit Kollegen ins Gespräch zu kommen und Mitarbeiter anderer Abteilungen kennenzulernen. Das kann die Stimmung im Team verbessern und über manchen neuen Kontakt werden Sie später einmal froh sein. Außerdem wäre es sehr unhöflich, der Einladung nicht nachzukommen.

Link-Hinweis

www.knigge.de/themen/kommunikation-204.htm

Die Knigge-Experten geben Empfehlungen zur richtigen Anrede.

Smalltalk
Worüber soll ich bloß reden?

Das Büroleben bietet viele Momente, in denen man mit wenig bekannten Menschen zusammentrifft und gemeinsam Zeit überbrücken muss: bevor ein Meeting oder eine Präsentation beginnt, bevor es in Verhandlungen konkret zur Sache geht, beim gemeinsamen Essen in der Kantine, im Aufzug und, und, und.

Leider beherrschen nur wenige Menschen die Kunst, in solchen Situationen ein angenehmes und unverfängliches Gespräch zu führen. Wenn sich jedoch Schweigen über die Beteiligten legt, können diese Momente schrecklich unangenehm sein. Statt sich zu unterhalten, wird fieberhaft überlegt, was man sagen könnte, und derweil einander etwas vorgeräuspert und krampfhaft versucht, dem oder den anderen nicht zu oft ins stumme Gesicht zu schauen.

Fast noch schlimmer als betretenes Schweigen sind holprige Versuche, eine Konversation in Gang zu bringen. Während manche wie ein Wasserfall auf ihre Mitmenschen einreden, werfen andere verzweifelt mit Fragen um sich, die entweder schnell mit Ja oder Nein beantwortet werden können oder aus Ungeschick zunehmend persönlich werden und damit völlig fehl am Platz sind.

So wird es besser

Smalltalk ist nicht schwer. Es ist nichts anderes, als einander gemeinsam mit netten Nichtigkeiten die Zeit zu vertreiben. Auch wenn tiefgründige Menschen damit Schwierigkeiten haben: Ernstes ist dabei fehl am Platz.

Die Verbote kennen
Beim Smalltalk ist es im Grunde nur wichtig, zu Ernstes und

zu Persönliches außen vor zu lassen und ein Thema zu finden, über das alle gerne sprechen und genug zu sagen haben. Vermeiden Sie: Krankheiten, langatmige Politikbekenntnisse, Beziehungsprobleme und religiöse Anschauungen.

Sie machen dagegen nichts falsch mit: Wetter, Verkehr (sei es Stau oder Erfahrungen im Nahverkehr), Urlaub und Kindern (falls Ihr Gesprächspartner selbst welche hat).

Damit das Gespräch in Gang bleibt, achten Sie bei Ihren Fragen darauf, dass diese nicht mit einem knappen Ja oder Nein beantwortet werden können. Formulieren Sie offen. Fragen Sie beispielsweise »Und welche Erfahrungen haben Sie heute mit der Bahn gemacht?« statt »Sind Sie heute auch mit der Bahn gekommen?«.

Üben

Man weiß es eigentlich besser, und dennoch kommt ein falscher Satz, eine Frage über die Lippen, die völlig unpassend sind. Dagegen hilft: den Fauxpas nicht zu ernst zu nehmen und die Unterhaltung darüber hinwegfließen zu lassen. Und: üben.

Verwickeln Sie Ihre Mitmenschen in Gespräche. Beim Bäcker, in der U-Bahn, im Aufzug. Seien Sie offen und sprechen Sie andere an. Beginnen Sie beispielsweise mit einer leichten Bemerkung über das, was Sie gerade gemeinsam erleben – sei es das lange Warten vorm Postschalter oder eine Störungsdurchsage in der U-Bahn. Manchmal reicht schon ein eröffnendes Lächeln, um ins Gespräch zu kommen. So üben Sie nicht nur Ihre Smalltalk-Künste. Es macht auch mehr Spaß, als schweigsam mit verschlossener Miene und ernsten Gedanken seinen Erledigungen nachzugehen. Sie werden so manche Begegnung haben, die Ihnen gute Laune macht und noch im Nachhinein Freude bereitet.

Link-Hinweis

www.small-talk-themen.de

Wenn Sie schon immer wissen wollten, welcher Small-talk-Typ Sie sind: Auf dieser Webseite können Sie den Test machen. Außerdem gibt es jeden Tag einen neuen Vorschlag für ein unverfängliches Gesprächsthema.

Flexibel und mobil soll der heutige Arbeitnehmer sein. Wer jahrelang beim selben Arbeitgeber bleibt, wird fast verwundert betrachtet. Mehrere Jobwechsel, auch verbunden mit Umzügen, sind völlig normal.

Das birgt Chancen, hat aber nicht nur seine guten Seiten. Einen neuen Job anzufangen ist ungeheuer spannend. Voller Tatendurst steht man in den Startlöchern und kann es gar nicht erwarten, loszulegen. Zugleich ist dieser Moment aber auch mit Aufregung und Unsicherheit verbunden. Wird man sich mit Vorgesetzten und Kollegen verstehen? Kann man den Erwartungen, die der neue Arbeitgeber an einen stellt, gerecht werden? Und erfüllen sich auch die Hoffnungen und Wünsche, die man selbst mit der neuen Stelle verbindet?

Wer für eine neue Stelle den Ort wechselt, hat eine noch härtere Einarbeitungsphase, viel wurde für den neuen Job aufgegeben: die vertraute Umgebung, das Netzwerk aus Freunden und womöglich sogar Familie fällt weg – und das gerade zu einem Zeitpunkt, zu dem man Unterstützung brauchen kann.

Ob die neue Position das Richtige ist, hängt nicht nur von einem selbst ab. Entscheidend ist es, wie man im Team aufgenommen wird und ob man dort die Unterstützung erhält, die nötig ist, um erfolgreich arbeiten zu können. Dafür kann man selbst einiges tun, aber auch manches falsch machen. Ein typischer Fehler von »Neuen« ist es beispielsweise, ins Team zu poltern, ohne auf die bestehenden Strukturen und Erfahrungen Rücksicht zu nehmen.

So wird es besser

Viele Jobstarts verlaufen nicht nach dem Bilderbuch. Zwischendurch frustriert zu sein und sich zu fragen, wo man da hingeraten ist und was man sich mit dem Jobwechsel angetan hat, ist völlig normal. Spätestens nach ein paar Monaten hat sich alles eingespielt. Bis dahin gilt: die Startschwierigkeiten mit Humor nehmen, aus Fehlern lernen und nicht alles persönlich nehmen, was Kollegen und Vorgesetzte manchmal verlauten lassen.

Offen sein

Im besten Fall sollte es so sein, dass Sie allen Mitarbeitern vorgestellt werden, Ihre neuen Kollegen auf Sie zukommen und Sie eingearbeitet werden. Das ist leider nicht immer so. Sie können nicht von der Idealsituation ausgehen, sondern müssen sich darauf einstellen, dass Sie in der Alltagshektik untergehen: Kollegen und Vorgesetzte sind so gestresst, dass sie auf Sie und Ihre Belange als »Neuer« oder »Neue« zu wenig Rücksicht nehmen.

In diesem Fall ist es an Ihnen, sich zu holen, was Ihnen zusteht. Gehen Sie offen auf alle zu und lassen Sie sich nicht abschrecken, wenn mancher kurz angebunden sein sollte. Eine barsche Reaktion muss nicht gegen Sie persönlich gerichtet sein, sondern kann dem Stress und der Eigenart des Kollegen entspringen, den Sie erst noch kennen- und einschätzen lernen müssen. Bitten Sie Ihren neuen Vorgesetzten oder, falls das nicht möglich ist, seine Assistentin, Sie allen Mitarbeitern vorzustellen. Bitten Sie Ihren Chef auch, Ihnen einen Kollegen zu nennen, an den Sie sich bei Fragen als Erstes wenden können.

Nutzen Sie alle Möglichkeiten, den Kollegen näherzukommen, und seien Sie dabei flexibel. Wenn alle in die Kantine gehen, bleiben Sie nicht an Ihrem Schreibtisch mit einem Sandwich sitzen, weil Sie das immer so gemacht haben oder Sie Arbeitseifer zeigen wollen, sondern gehen Sie mit.

Nicht über die Stränge schlagen

Sicherlich beginnen Sie Ihre neue Stelle mit vielen Ideen. Das ist sehr gut und davon kann das neue Team profitieren.

Bedenken Sie aber, dass Ihre Kollegen den Job schon länger machen und bereits manche Erfahrung mit Dingen haben, die Ihnen womöglich als der neueste Clou erscheinen. Zeigen Sie Ihre Motivation und Ihren Ideenreichtum, aber achten Sie darauf, was die Kollegen dazu zu sagen haben.

Fragen Sie ohne Scheu um Rat, wenn etwas unklar ist oder Sie nicht weiterwissen oder die Gepflogenheiten des neuen Teams nicht kennen. Als neuer Kollege haben Sie alles Recht dazu. Das gilt vor allem für Berufsanfänger: Nutzen Sie jede Gelegenheit, um von der Erfahrung langjähriger Mitarbeiter zu profitieren.

Vorsichtig sein

Konzentrieren Sie sich gerade am Anfang nicht nur auf sich. Nehmen Sie sich die Zeit, das Team zu beobachten. Wie gehen die Kollegen miteinander um? Wie angesehen ist der Vorgesetzte? Wo gibt es Konflikte?

Seien Sie mit Vertraulichkeiten zurückhaltend. Sie kennen Ihre neuen Kollegen noch nicht lange und nicht jeder ist so vertrauenswürdig und diskret, wie es zunächst den Anschein haben mag. Natürlich ist es gut, einen oder mehrere Kollegen zu haben, die Ihnen sympathisch sind und denen Sie Fragen stellen können. Manches, etwa vorübergehenden Ärger über den neuen Vorgesetzten oder andere Mitarbeiter, sollten Sie dennoch lieber für sich behalten.

Bleiben Sie auch zurückhaltend, wenn in Ihrer Gegenwart schlecht über andere gesprochen wird, und lassen Sie sich nicht vorschnell auf eine Seite ziehen. Wenn Sie darüber reden möchten, so tun Sie das lieber nach Feierabend mit Ihrem Partner oder einem guten Freund. Ganz abgesehen davon, dass es unschön ist, über Kollegen herzuziehen – als Neuer im Team kennen Sie noch nicht die unsichtbaren Bande zwischen den Kollegen: Wer hält zusammen? Wer ist sich unter dem Deckmantel der Höflichkeit in Wahrheit spinnefeind? Zu schnell im Kollegengerede mitzumischen, kann einem einen schlechten Ruf verpassen und, wenn man Pech hat, echten Ärger nach sich ziehen, weil man an den Falschen geraten ist.

Passen Sie sich bei den Umgangsformen an Ihre neue Umgebung an. Wenn sich alle siezen, können Sie nicht von sich aus das Du anbieten. Genauso umgekehrt: Duzen sich alle, wäre es komisch, sich mit einem Sie abzugrenzen.

Geduld haben und durchhalten

Wenn Sie neu in ein bereits bestehendes Team kommen, kann es dauern, bis Sie sich voll eingebunden fühlen. Das gilt vor allem, wenn die Kollegen schon lange zusammenarbeiten und gut aufeinander eingespielt sind. Manche pflegen möglicherweise auch privaten Kontakt. Bei vielen Bemerkungen und Witzchen werden Sie nicht mitkommen, da Ihnen die »gemeinsame Geschichte« fehlt. Das macht nichts. Haben Sie etwas Geduld. Sie werden nach und nach ins Team hineinwachsen.

Hart kann die erste Zeit im neuen Job für diejenigen sein, die extra umgezogen sind. Viele Kollegen haben möglicherweise Familie und keine Zeit, nach Feierabend spontan gemeinsam etwas trinken zu gehen. Als Neue/Neuer im Job und in der Stadt fühlt man sich in dieser Situation schnell einsam. Wer deswegen jedes Wochenende in die alte Heimat fährt, wird es noch schwerer haben, sich einzuleben. Haben Sie etwas Geduld: Die schwierigen ersten Wochen werden vorübergehen und Sie werden sich nach und nach besser integriert fühlen.

Link-Hinweis

www.e-fellows.net

Das Karrierenetzwerk e-fellows.net hat eine Übersicht zusammengestellt, welche arbeitsrechtlichen Aspekte man bei einem Jobwechsel beachten sollte.

Der richtige Kontakt kann wahre Wunder vollbringen. Das be-
rühmte Vitamin B kann einem den hoch bezahlten Traumjob
verschaffen oder einen lukrativen Auftrag. Karriereexperten
werden daher nicht müde, das Netzwerken zu propagieren.

Manchen Menschen scheint es tatsächlich angeboren zu
sein. Egal um was es geht, sie kennen jemanden, der weiter-
hilft. Und sie lernen laufend neue Menschen kennen. Gute
Beziehungen ziehen sie geradezu an. Allen anderen versprechen professionelle Netzwerke den Karriereschub. Sie leben
von der Hoffnung der Teilnehmer, durchs Kontakteknüpfen
weiterzukommen. Es gibt sie für verschiedene Berufs- und
Interessengruppen, im realen Leben wie im virtuellen – dem
Internet.

Wer so Name um Name sammelt, läuft am Ende zwar als
wandelndes Adressbuch herum, aber der erwünschte Nutzen
lässt auf sich warten. Es geht auch beim Networking um das
Wie – und das schaut man sich am besten bei den Netzwerk-
talenten ab.

So wird es besser

›Über den Umgang mit Menschen‹ heißt der »Ur-Knigge«, den
Adolph Freiherr von Knigge schrieb. Darin gibt er den Rat:
»Gehe von niemand und laß niemand von Dir, ohne ihm etwas
Lehrreiches oder Verbindliches gesagt zu haben; aber beides
auf eine Art, die ihm wohltue, seine Bescheidenheit nicht em-
pöre und nicht studiert scheine, damit er die Stunde nicht verloren zu haben glaube, die er bei dir zugebracht hat, und dass
er fühle, du nähmest Interesse an seiner Person, es gehe dir
von Herzen, du verkaufest nicht bloß deine Höflichkeitsware
ohne Unterschied jedem Vorübergehenden.« Diese Worte, vor

mehr als 200 Jahren aufgeschrieben, entschlüsseln das Rätsel des Netzwerkens. Es geht nicht darum, fleißig Kontakte zu sammeln, sondern in angenehmer Erinnerung zu bleiben, um den Grundstein für ein Geben und Nehmen zu legen.

Dranbleiben

Netzwerken ist nicht schwierig. Es bedeutet nichts anderes, als Freundschaften und Bekanntschaften zu haben. Bedenken Sie, wie viele Menschen Sie im Laufe Ihres Lebens kennenlernen. Netzwerker tun nichts anderes, als den Kontakt zu ihnen aufrechtzuerhalten. Sie melden sich hin und wieder, schreiben E-Mails oder rufen an, fragen, wie es geht, schicken Karten zu Geburtstagen, Weihnachten oder beruflichen Erfolgen und schauen manchmal vorbei.

Wer allein Kontakte sammelt, um später davon zu profitieren, wird nichts davon haben. Sich nur zu melden, wenn man etwas braucht, das funktioniert nicht. Netzwerken beruht auf Gegenseitigkeit. Und der andere merkt schnell, wenn er nur deshalb angerufen oder angesprochen wird, weil er gerade »nützlich« ist. Das heißt: Ein guter Netzwerker investiert Zeit, um Bekanntschaften und Freundschaften zu pflegen, auch wenn es keinen konkreten Anlass gibt, der das nötig macht.

Großzügig sein

Es wäre falsch, die gegenseitige Unterstützung aufrechnen zu wollen, nach dem Motto: Jetzt habe ich dir geholfen, nächstes Mal hilfst du mir. Netzwerken ist ein dauerhafter Prozess und Kontakte sind kein Gegengeschäft, die man mit einem Gefallen »abarbeitet«.

Helfen Sie ohne Bedingungen, wenn Ihnen das möglich ist. Gehen Sie auch »in Vorleistung«. Sie haben nichts zu verlieren, wenn Sie anderen einen Gefallen tun. Das heißt nicht, dass Sie sich ausnützen lassen sollen. Wenn Sie bemerken, dass jemand immer nur nach seinem eigenen Vorteil sucht, ohne selbst etwas in die Beziehung investieren zu wollen, sollten Sie skeptisch werden.

Systematisch netzwerken

Wenn Sie Ihr Netzwerk gezielt ausbauen möchten, nutzen Sie professionelle Netzwerke, die es für verschiedene Berufsgruppen gibt. Auch wenn es hier um das Kennenlernen an sich zu gehen scheint, gilt: Pflegen Sie die neuen Kontakte, die Sie knüpfen.

Auch auf Netzwerktreffen will niemand instrumentalisiert werden. Gehen Sie offen und ohne konkretes Anliegen auf die Menschen zu. Der Wert des gewonnenen Kontaktes wird sich erst später zeigen.

Sich online vernetzen

Millionen Deutsche vernetzen sich im Internet. Die Webseiten Xing und LinkedIn fördern explizit berufliche Kontakte. Hier präsentieren sich Fach- und Führungskräfte sogar mit ihrem Lebenslauf. Auch wenn eine Onlinebekanntschaft einen persönlichen Kontakt nicht ersetzen kann: Dabei sein ist die Devise.

Achten Sie darauf, dass Ihr Profil und Ihre Einträge, die mit Ihrem Namen verbunden sind, einen professionellen Eindruck machen. Das Internet vergisst nichts. Selbst Diskussionsbeiträge bleiben erhalten. Viele Personalchefs geben inzwischen die Namen ihrer Bewerber in Internetsuchmaschinen ein. Falls Sie einen Job suchen, sind Ihre Chancen umso besser, je besser die Informationen sind, die im Netz über Sie zu finden sind.

Chancen nutzen

Viele Kontakte behandelt man im Alltag stiefmütterlich. Das gilt vor allem für die beruflichen Beziehungen. Meist lässt man es bei einem rein fachlichen Austausch – und das bei Menschen, mit denen man tagtäglich zu tun hat. Sei es aus Stress oder reiner Gewohnheit, man nimmt sich nicht die Zeit für ein paar Worte jenseits des konkreten Anlasses. Warum fragen Sie das nächste Mal nicht einfach, wie es geht, und nehmen sich die Zeit für eine Unterhaltung? So machen Sie den ersten Schritt, einander etwas besser kennenzulernen, werden in freundlicher Erinnerung bleiben und bei einem späteren Zusammentreffen leicht daran anknüpfen können.

Link-Hinweise

www.xing.com
  Xing ist ein virtuelles Netzwerk für Geschäftskontakte.
  www.linkedin.com/deutsch
  Auch LinkedIn richtet sich an Berufstätige.

Persönliche Entwicklung

Das Wort »Karriere« hat in unserer Zeit eine erstaunliche – ja – Karriere hingelegt. Es gibt Karriereratgeber, Karriereseminare, Karrieremütter. So entsteht der Eindruck, als gehöre es zu einem erfüllten Leben dazu, Karriere zu machen.

Dabei ist gar nicht so klar, was mit »Karriere« gemeint ist. Bedeutet es, Chef zu werden und Führungsverantwortung zu übernehmen? Dann sind die Möglichkeiten begrenzt. So viele Chefposten gibt es gar nicht, als dass sich jeder einen angeln könnte. Bedeutet es, sich von seinem beruflichen Ausgang, seinem ersten Job aus weiterzuentwickeln und neue Aufgabengebiete zu erschließen? Dann würde jeder Quereinsteiger Karriere machen. Oder liegt die Bedeutung mehr im materiellen Erfolg – hat derjenige, der gut verdient, sich Häuschen, Auto, Urlaub leisten kann, automatisch Karriere gemacht?

Meist legen wir den Fokus auf das Karrieremachen im Job, als sei Beruf das einzig Wichtige im Leben. Er nimmt viel Zeit in Anspruch, aber eine persönliche Weiterentwicklung gibt es auch im privaten Bereich. Könnten also eine Karrieremutter, ein Karrierevater auch diejenigen sein, die sich mit Erfolg ausschließlich um ihre Familie kümmern?

So wird es besser

Trauen Sie sich, den üblichen Rahmen des Karrieredenkens zu verlassen. Finden Sie heraus, was Ihnen selbst wichtig ist. Und ziehen Sie die Konsequenzen, falls Sie bisher auf das falsche Pferd gesetzt haben.

Sich auf sich selbst besinnen
Worum geht es Ihnen? Wollen Sie wirklich Karriere machen und Chef werden? Oder ist das ein Ziel, das Sie von au-

ßen übernommen haben und das gar nicht Ihrem eigenen Wunsch entspringt? Versuchen Sie, Ihren beruflichen Werdegang einmal mit Abstand zu betrachten, das herkömmliche Gedankenraster zu verlassen und sich zu fragen: Worum geht es in meinem Leben? Was will ich erreichen? Ist mir beruflicher Erfolg so wichtig? Oder will ich nur ein bestimmtes Bild von mir erfüllen? Wäre ich überhaupt geeignet für eine Position mit mehr Verantwortung? Eine Karriere im engeren Sinn, das Erklimmen von Hierarchiestufen und die Übernahme von Führungsverantwortung, sind in der Regel mit einer erheblichen Zeitinvestition verbunden. Viele arbeiten 60 Stunden und mehr, sind am Wochenende und im Urlaub stets auf Abruf. Das ist nicht jedermanns Sache.

Vielleicht kommen Sie zu dem Schluss, dass Sie mit Ihrem Job und Ihrem Aufgabengebiet zufrieden sind. Dann gibt es keinen Grund mehr, unzufrieden mit Ihrem »beruflichen Stillstand« zu sein und zu versuchen, es den Karrieristen in Ihrem Umfeld gleichzutun. Vielleicht wünschen Sie sich aber tatsächlich eine berufliche Entwicklung, die Sie mehr erfüllt. Dann sollten Sie etwas dafür tun.

Sich Perspektiven schaffen

Mag sein, dass Ihr derzeitiger Job keine Entwicklungsmöglichkeiten bietet. Falls Sie mehr erreichen wollen, ist das aber keine akzeptable Entschuldigung. Vielmehr sollte es ein Ansporn sein, etwas an der Situation zu ändern.

Entweder Sie setzen alles daran, sich in Ihrer jetzigen Position neue Aufgabengebiete zu erschließen. Oder Sie suchen sich neue Herausforderungen, die zu Ihnen passen. Was das ist, können nur Sie selbst herausfinden. Vielleicht haben Sie schon länger eine Idee, wie Sie sich selbstständig machen könnten. Vielleicht überlegen Sie auch, ins Ausland zu gehen.

Vorarbeiten

Eine höhere Position wird selten unerwartet angetragen. Wer aufsteigen will, muss Überzeugungsarbeit leisten und sich beim Vorgesetzten und im Unternehmen für höhere Aufgaben empfehlen. Achten Sie darauf, dass Ihre Arbeitsergebnisse wahrgenommen werden. Übernehmen Sie – wenn nötig, zusätzlich – Aufgaben und Projekte, die für die Firma wichtig und zukunftsträchtig sind. Investieren Sie in Weiterbildung, die Sie voranbringt und dank derer Sie das Unternehmen in entscheidenden Bereichen unterstützen können. Bringen Sie sich bei Ihrem Vorgesetzten, wenn er mit Ihren derzeitigen Leistungen zufrieden ist, für höhere Positionen ins Gespräch. Signalisieren Sie ihm, dass Sie bereit sind, mehr Verantwortung zu übernehmen. Sprechen Sie ihn an, sobald Sie mitbekommen, dass eine interessante Stelle zu besetzen ist.

Versuchen Sie, sich im Unternehmen zu vernetzen. Pflegen Sie die Kontakte zu Kollegen und Vorgesetzten aus anderen Abteilungen. Je mehr Menschen von Ihnen und Ihrer Arbeit wissen, desto wahrscheinlicher ist es, dass man an Sie denkt, wenn eine Position frei wird.

Sich Zeit geben
Wichtig ist, sich einzugestehen, dass es ganz bei Ihnen liegt, ob Sie auf Dauer unzufrieden sind. Sie haben Ihre berufliche Entwicklung selbst in der Hand. Wenn Sie all die Möglichkeiten verunsichern und Sie nicht recht wissen, wie und was Sie angehen sollen: Lassen Sie sich Zeit, gehen Sie Schritt für Schritt vor, probieren Sie etwas aus. Sie müssen nichts überstürzen und sich nichts beweisen.

Wenn die Möglichkeiten zu breit gefächert scheinen, kann professionelle Unterstützung den Weg weisen. Es gibt Karriereberater, die mit Ihnen zusammen mithilfe von Tests und persönlichen Gesprächen herausfinden, wo Ihre Stärken liegen. Das kann für Sie zu unerwarteten Ergebnissen führen, da professionelle Berater den Arbeitsmarkt besser kennen (sollten).

Für welches Vorgehen Sie sich auch entscheiden: Setzen Sie sich nicht unnötig unter Druck. Denken Sie daran: Es geht darum, zufriedener zu werden.

Link-Hinweis

www.dgfk.org

Die Deutsche Gesellschaft für Karriereberatung nennt Adressen von Karriereberatern.

Präsentation
Ich versage vor dem Beamer

Nur wenige Menschen sind geborene Redetalente. Doch auch wer diese Begabung nicht hat, kommt im Job nicht darum herum, vor anderen reden zu müssen. Mit dem Reden allein ist es meist nicht getan, Präsentationen zu halten gehört heute in vielen Berufen zum Alltag – sei es, dass man Kollegen über ein Projekt informieren muss, den Vorgesetzten von einem Konzept überzeugen will oder einen Kunden gewinnen soll.

Am schwierigsten ist es für diejenigen, die nur hin und wieder Präsentationen halten. Je seltener sie dazu kommen, desto größer ist meist die Unsicherheit. Wer es nicht gewohnt ist, vor anderen zu sprechen, fühlt sich in der Rolle des Vortragenden unwohl.

Aus dieser Unsicherheit heraus entstehen leicht Fehler. Manche rasen durch die Präsentation, weil sie sie schnell hinter sich bringen wollen. Andere gehen zu perfektionistisch an die Aufgabe heran. Damit ihnen ja kein Versprecher unterläuft, schreiben sie ihre Rede Wort für Wort auf, lesen sie ab und langweilen ihre Zuhörer.

Das Gemeine ist: Wer nach einer Präsentation mit sich unzufrieden ist, wird beim nächsten Mal noch unsicherer sein. Ein Teufelskreis entsteht, der immer schwerer zu durchbrechen ist, je länger er anhält.

So wird es besser

Gerade wenn man noch nicht viele Vorträge gehalten hat oder mit seiner Leistung unzufrieden ist, fällt einem alles Mögliche ein, das schiefgehen könnte. Mit der Folge, dass das Lampenfieber und die Angst zu versagen stärker werden. Die größte Herausforderung beim Halten einer Präsentation ist, die eigene Unsicherheit zu überwinden.

Sich gut vorbereiten

Es ist völlig normal, vor einer Präsentation nervös zu sein. Sogar die erfahrensten Schauspieler spüren vor einem Auftritt Lampenfieber. Sie sollten jedoch guten Gewissens sagen können: »Ich habe mich gut vorbereitet. Ich habe alles dafür getan, dass meine Präsentation gelingt.« Das ist die Grundlage, um sich von der Nervosität nicht aus dem Konzept bringen zu lassen.

Zu einer guten Vorbereitung gehört, sich ausreichend Zeit zu nehmen. Fangen Sie rechtzeitig an, sich Gedanken zu machen, was und wie Sie es vermitteln möchten. Bauen Sie einen Puffer ein, damit Ihnen die Zeit nicht knapp wird, falls etwas Unvorhergesehenes dazwischenkommt.

Manuskript erstellen

Beginnen Sie, Ihren Vortrag zu konzeptionieren. Was ist Ihr Ziel, was wollen Sie erreichen? Sammeln Sie Ideen, wie Sie Ihr Vortragsthema vermitteln wollen. Machen Sie sich anschließend Notizen über die Dramaturgie Ihrer Präsentation: Wie fangen Sie an, wann kommt das Wichtigste, wie wollen Sie enden?

Erstellen Sie dann ein Manuskript. Das bedeutet nicht, die Rede Wort für Wort aufzuschreiben. So würden Sie Gefahr laufen, sie abzulesen. Das mag Ihnen zwar eine vermeintliche Sicherheit geben, für die Präsentation ist es aber von Nachteil, da Sie beim reinen Ablesen den Kontakt zu Ihren Zuhörern verlieren. Am besten ist es, sich nur Stichpunkte zu notieren, damit Sie frei sprechen können.

Es lohnt sich, sich über die einleitenden Sätze besondere Gedanken zu machen. Sie sind entscheidend, um das Publikum für sich zu gewinnen. Dasselbe gilt für den Schluss, der besonders im Gedächtnis bleibt.

Keine Angst vor dem Zuhörer haben

Sie müssen nicht perfekt sein, um eine Präsentation zu halten. Es macht nichts, wenn Sie sich versprechen oder nervös sind. Das fällt Ihnen stärker auf als dem Publikum (wenn es diese kleinen Fehler überhaupt bemerkt). Gehen Sie offen und freundlich auf Ihre Zuhörer zu und suchen Sie Blickkontakt. Gerade am Anfang einer Präsentation kann es helfen, Blickkontakt zu einem Anwesenden zu haben, der Ihnen sympathisch ist.

Schon bei der Vorbereitung Ihrer Präsentation sollten Sie an die Zuhörer denken: Versuchen Sie Ihr Manuskript so zu gestalten, dass der Vortrag für das Publikum möglichst interessant ist. Versuchen Sie, sich in Ihre Zuhörer hineinzuversetzen. Berücksichtigen Sie auch, ob Sie Fachbegriffe verwenden können, und setzen Sie nicht zu viel Wissen voraus.

Strapazieren Sie nicht unnötig die Zeit des Publikums: Achten Sie bei Ihrem Vortrag darauf, dass er nicht zu lang wird. Überlegen Sie, wie Sie mit Fragen und Kommentaren umgehen: Möchten Sie sie bereits während des Vortrags zulassen (das kann auflockernd wirken, aber auch das Ganze in die Länge ziehen) oder lieber an den Schluss stellen?

Deutlich sprechen
Damit Ihnen die Zuhörer gut und mit Interesse folgen können, achten Sie darauf, möglichst einfach zu sprechen, kurze Sätze zu formulieren, Fremdwörter und Fachausdrücke zu vermeiden, Füllwörter wie »eigentlich« und »sozusagen« wegzulassen, hin und wieder rhetorische Fragen zu stellen und bildhafte Vergleiche zu bringen.

Rechtzeitig vor Ort sein
Legen Sie sich schon am Vortag alles für Ihre Präsentation bereit und kommen Sie rechtzeitig, um sich mit dem Raum und der Technik vertraut zu machen und zu kontrollieren, ob alles funktioniert. Unnötige Hektik vor der Präsentation steigert nur Ihre Nervosität. Außerdem wirkt es nicht gerade überzeugend, wenn man vor versammelter Zuhörerschaft erst einmal laut schimpfend mit der Technik kämpft, um den Beamer in Gang zu bringen.

Üben, üben, üben

Auch wenn Sie sich bei Präsentationen unsicher fühlen, versuchen Sie nicht, sie zu vermeiden. Sie werden umso gewandter werden, je mehr Sie halten. Also nutzen Sie jede Gelegenheit, Sicherheit zu gewinnen, statt sich zu drücken.

Es wird Ihnen ein gutes Gefühl geben, eine Präsentation erst im stillen Kämmerlein zu üben. Üben Sie vor dem Spiegel, nehmen Sie sich selbst auf oder laden Sie Ihren Partner oder Freunde zu einer Probevorführung ein.

Wenn Sie sich weiter unsicher fühlen und Präsentationen in Ihrem Joballtag eine große Rolle spielen und für Ihren beruflichen Erfolg entscheidend sind, bietet es sich an, ein entsprechendes Seminar zu besuchen. Dabei wird auch gefilmt, damit die Teilnehmer einmal sich selbst bei einer Präsentation zusehen können. Die meisten sind erstaunt, wie viel besser sie wirken als befürchtet.

Link-Hinweis

karrierebibel.de/das-abc-der-praesentation-so-praesentieren-sie-richtig-mit-powerpoint-co

Auf der Webseite zum gleichnamigen Buch von Jochen Mai gibt es ein ausführliches ABC der Präsentation.

»Lebenslang lernen« fordern Wirtschaft und Politik von den Beschäftigten. Doch im Arbeitsalltag ist dafür oft kein Raum. Wie eine Studie der Personalberatung Kelly Services zeigt, sind 57 Prozent der deutschen Arbeitnehmer mit den Fortbildungsmöglichkeiten bei ihrem Arbeitgeber unzufrieden.

Selbst dagegenzusteuern, ist oft schwierig. Die Arbeitslast ist so hoch, dass sich viele gar nicht trauen, freizunehmen, um ein Seminar zu besuchen. Es gibt niemanden, der sie an diesem Tag vertreten könnte. Und die Arbeit vor- oder nachzuarbeiten – dafür ist keine Zeit.

Damit machen beide, Arbeitgeber wie Beschäftigte, einen Fehler. Schließlich sind Weiterbildungen eine Investition in die Qualifikation der Mitarbeiter. Verbessert sich diese, hat das Unternehmen etwas davon.

Der Mitarbeiter profitiert noch viel mehr. Er kommt nicht nur einmal raus aus dem Joballtag und gewinnt andere Einsichten, die ihn in seiner Arbeit weiterbringen können. Es macht sich auch gut, falls er sich einmal um eine neue Position bewirbt. Außerdem kann er sich ganz gezielt eine bestimmte berufliche Perspektive erarbeiten.

So wird es besser

Weiterbildung eröffnet Ihnen neue Chancen und Möglichkeiten. Nutzen Sie diese. Wenn Ihnen der Arbeitgeber Seminare nicht auf dem Silbertablett serviert, sollten Sie sich selbst darum kümmern.

Die Initiative ergreifen
Selbst wenn der Job für Fortbildungen keine Zeit lässt: Lassen Sie sich davon nicht abschrecken. Schließlich gibt es für

Arbeitnehmer sogar ein Recht auf Bildungsurlaub, solange keine betrieblichen Gründe gegen die Freistellung sprechen. Notfalls besuchen Sie eben einen Wochenendkurs.

Informieren Sie sich zunächst, welche Angebote es in Ihrem Bereich gibt, und überlegen Sie, was Sie erreichen möchten. Wünschen Sie sich schon lange eine professionelle Anleitung für Ihr Zeitmanagement? Oder wollen Sie Zertifikate erwerben, die Sie für höhere Aufgaben qualifizieren? Bleiben Sie dabei realistisch. Überfordern Sie sich nicht zeitlich, wenn Ihr Job sowieso schon stressig ist. Fangen Sie langsam an. Es gibt verschiedene Formen der Weiterbildung, darunter auch Fernunterricht.

Wenn Sie sich im Weiterbildungsdschungel verloren fühlen, lassen Sie sich beraten. Wenden Sie sich zum Beispiel an die örtliche Arbeitsagentur oder an den zuständigen Branchen- oder Berufsverband.

Den Chef überzeugen

Wenn Sie das richtige Angebot gefunden haben, suchen Sie das Gespräch mit Ihrem Vorgesetzten. Der richtige Rahmen sind Mitarbeitergespräche, die in vielen Unternehmen regelmäßig, halbjährlich oder jährlich, geführt werden. Gibt es so etwas in Ihrem Unternehmen nicht, bitten Sie Ihren Vorgesetzten um einen Gesprächstermin. Auch im Rahmen einer Gehaltsverhandlung kann eine Weiterbildung angesprochen werden.

Auf dieses Gespräch sollten Sie sich gut vorbereiten, um die richtigen Argumente parat zu haben, die Ihren Vorgesetzten überzeugen, der Weiterbildung zuzustimmen. Das gilt umso mehr, wenn in Ihrem Unternehmen Weiterbildungen eher selten sind. Stellen Sie klar, was die Weiterbildung Ihnen und damit dem Unternehmen bringt, und warum es sich lohnt, Sie dafür freizustellen und die Kosten, möglicherweise anteilig, zu übernehmen.

Sich nicht abschrecken lassen

Wenn sich der Vorgesetzte nicht überzeugen lässt, könnte der Kompromiss sein, dass Sie nur freigestellt werden, aber die Kosten selbst übernehmen, falls Ihnen dies möglich ist – oder umgekehrt, dass Sie Ihre Freizeit, also ein Wochenende oder Urlaubstage, investieren.

Blockt Ihr Vorgesetzter ab, heißt das nicht, dass die Weiterbildung damit gestorben ist. Sie können sie schließlich auch privat machen. Informieren Sie sich, ob der Kurs steuerlich abgesetzt werden kann. Außerdem gibt es, je nach persönlicher Situation, verschiedene Möglichkeiten, finanzielle Unterstützung zu beantragen (beispielsweise über die Arbeitsagentur oder über das Meister-Bafög).

Link-Hinweise

www.kursnet.arbeitsagentur.de

Die Bundesagentur für Arbeit bietet auf ihrer Internetseite eine Datenbank für Weiterbildungsangebote in ganz Deutschland.

www.ba-bestellservice.de

Hier können Broschüren der Bundesagentur für Arbeit zum Thema Weiterbildung kostenlos als PDF-Dateien heruntergeladen werden.

www.bibb.de/de/checkliste.htm

Das Bundesinstitut für Berufsbildung bietet im Internet eine Checkliste, anhand derer man die Qualität von Weiterbildungen prüfen kann.

www.test.de

Die Stiftung Warentest bewertet auch Weiterbildungen.

www.meister-bafoeg.de

Das Bildungsministerium informiert über das Meister-Bafög.

»Es hätte alles ganz anders kommen können« – es kann Spaß machen, sich solch einer Gedankenspielerei hinzugeben. Wenn das jedoch von dem Gefühl überschattet ist, etwas vermasselt zu haben, kann schnell Bitterkeit aufkommen. »Hätte ich doch damals« heißt es dann. Und in dem Licht, was damals besser hätte laufen können, verblassen das jetzige Leben und das bislang Erreichte.

Egal, ob es eine Prüfung ist, an der man gescheitert ist, oder ein Bewerbungsgespräch, bei dem man sich dumm angestellt hat: Schnell wird das eigene »Versagen« überbewertet. Als hinge von diesem vergangenen Moment das ganze künftige Leben ab.

Dazu kommt häufig das Gefühl, mit seinem Misslingen alleine dazustehen. Bei anderen scheint alles paletti zu sein und nach Wunsch zu laufen – nur man selbst patzt im entscheidenden Moment.

Gerade in der Berufswelt wirkt alles auf Erfolg gepolt. Fehler werden ausgeblendet oder, wenn sie passieren, möglichst nicht kommuniziert. Dabei ist das Gute an Fehlern, dass man aus ihnen lernen kann. Es kommt also ganz darauf an, wie man mit einem Scheitern umgeht. Auch dabei kann man etwas falsch machen, und das wusste bereits William Shakespeare: »Unheil beklagen, das nicht mehr zu bessern ist, heißt das Unheil nur umso mehr vergrößern.«

So wird es besser

Im Grunde weiß man selbst, dass es nichts hilft, in der Vergangenheit herumzurühren. Die Dinge sind, wie sie sind. Wer sein Glück im Vergangenen sucht, belastet Gegenwart und Zukunft. Damit Sie sich mit dieser Hypothek nicht den Rest

Ihres Lebens selbst vermiesen, müssen Sie das Geschehene und Ihre Unzufriedenheit damit wieder geraderücken.

Nach vorne schauen

Das Leben hält viele Möglichkeiten bereit. Klammern Sie sich nicht an die Chancen, die bereits vorbei sind. Es hängt einem nach, wenn etwas nicht geklappt hat. Das geht jedem so. Entscheidend ist, sich diesem Gefühl nicht völlig auszuliefern. Schließlich ist es ganz normal, dass im Leben nicht alles gelingt.

Nehmen Sie stattdessen die Erfahrung mit, von der Sie nun profitieren können. Überlegen Sie, was zu dem – wie Sie es nun im Rückblick nennen – Scheitern geführt hat. Haben Sie wirklich etwas falsch gemacht? Waren Sie vielleicht nicht spontan genug oder zu wenig vorbereitet? Können Sie auch etwas Gutes darin entdecken, dass die Dinge nun einmal so und nicht anders gelaufen sind?

Bewerten Sie nicht über, was nicht geklappt hat. Richten Sie Ihren Fokus auf das, was Sie geschafft haben. Darauf können Sie stolz sein.

Chancen suchen

Schauen Sie nach vorne und greifen Sie das nächste Mal beherzter zu. Es reicht nicht, die Hände in den Schoß zu legen und zu warten, dass eine tolle Möglichkeit auf Sie zukommt. Schaffen Sie sich Ihre Chancen selbst. Unternehmen Sie etwas, damit Ihre Vorstellungen und Wünsche Realität werden. Was ist es, das Sie erreichen möchten? Entwerfen Sie einen Plan, wie Sie sich Ihrem Ziel annähern können, und setzen Sie diesen um.

Lassen Sie sich nicht von möglichen Rückschlägen frustrieren oder gar in Ihrem Vorhaben stoppen. Wenn Sie das Gefühl haben, nichts zu erreichen, könnte es sein, dass Sie sich Ihre Ziele zu hoch gesteckt haben. Das ist nicht schlimm. Akzeptieren Sie Ihre Grenzen und planen Sie, falls nötig, um.

Die eigenen Ziele bestimmen

Warum geht es Ihnen nahe, dass Sie etwas Bestimmtes nicht geschafft haben? Ärgern Sie sich über sich selbst oder geht es vor allem darum, was andere denken?

Es ist wichtig, den eigenen Standpunkt und die Erwartungen des persönlichen Umfelds auseinanderzuhalten. Häufig verfolgen gerade Jüngere nicht die eigenen, aus freiem Willen selbst gesetzten Ziele. Sie haben sich Anforderungen untergeordnet, die von außen – beispielsweise durch die Eltern – an sie herangetragen wurden. Wenn dies der Fall ist, kann ein Scheitern eine sehr wichtige Erfahrung sein, durch die man erst seinen eigenen selbstbestimmten Weg einschlagen kann.

Trauen Sie sich, Ihre eigenen Wünsche zu formulieren und sich dabei frei zu machen von den Erwartungen anderer Menschen.

Den Blick weiten

Wer einen Misserfolg erlebt, konzentriert sich völlig auf sich selbst. Fragen wie »Warum konnte mir das passieren?« und »Was habe ich da gemacht?« beschäftigen einen. Dabei wird völlig vergessen, dass Misserfolge zum Leben jedes Menschen dazugehören. Die Herausforderung ist, richtig mit ihnen umzugehen. Viele erfolgreiche Menschen haben dazu Zitate hinterlassen, wie man mit Scheitern umgeht, die auch in schwierigen Zeiten optimistisch stimmen. So sagte beispielsweise Henry Ford: »Ein ehrlicher Misserfolg ist keine Schande. Furcht vor Misserfolg dagegen ist eine Schande.«

Link-Hinweis

www.zitate.net

Lesen Sie Zitate über Scheitern und Misserfolg von großen Persönlichkeiten wie William Somerset Maugham und Harry S. Truman.

Aussteigen

Schon in sehr jungen Jahren entscheiden wir über unsere berufliche Richtung. Wer ein Studium beginnt, hat je nach Fachrichtung etwas mehr Zeit, bis sich der Job konkretisiert. Doch hat man dann erst einmal ein paar Jahre Berufserfahrung gesammelt, steckt man fest. Ob Mechaniker, Lehrer oder Marketingexperte – die allermeisten üben ihren Beruf bis zur Rente aus.

Wechsel zwischen verschiedenen Berufen sind in Deutschland selten. Eher entwickelt man sich in seinem Berufsfeld, nimmt neue Aufgaben hinzu, wechselt höchstens die Branche. Wer tatsächlich etwas anderes als das Gelernte und bisher Gemachte ausüben möchte, hat es dagegen schwer. Quereinsteiger brauchen auf dem deutschen Arbeitsmarkt eine Menge Überzeugungskraft.

Davon kann jeder Bewerber, der sich einmal für eine andere Position als die erlernte beworben hat, ein Lied singen. Entweder wird er gar nicht erst zu Vorstellungsgesprächen eingeladen oder er wird begrüßt mit den Worten »Sie haben ja bislang etwas ganz anderes gemacht« – als würde ihn das für die neue Aufgabe disqualifizieren. Dabei könnte der andere Erfahrungshorizont doch gerade ein Vorteil sein.

Wie schafft man es also, vom einmal eingeschlagenen Berufsweg abzuzweigen?

So wird es besser

Wenn Sie mit Ihrem Beruf unzufrieden sind, sollten Sie etwas unternehmen. Was ist die Alternative? Bis zur Rente unzufrieden weiterzuarbeiten? Dafür nimmt der Job zu viel Zeit Ihres Lebens in Anspruch. Gehen Sie das Ziel Berufswechsel wie ein Projekt an. Und lassen Sie sich von kleinen und größeren Widrigkeiten, die sich Ihnen in den Weg stellen, nicht entmutigen.

Die Lage sondieren

Gehen Sie von Ihrem jetzigen Beruf aus: Was stört Sie daran? Was würden Sie gerne ändern, wenn Sie könnten? Ist es vielleicht nur das Arbeitsumfeld, sind es Chef und Kollegen, die Ihnen den Alltag schwermachen? Oder ist es die Tätigkeit an sich? Nehmen Sie sich viel Zeit für diese Bestandsaufnahme.

Stellen Sie sich Ihren Traumjob vor. Was müsste passieren, dass Sie hundertprozentig zufrieden wären? Gibt es eine Möglichkeit, diesen Wunsch zu realisieren? Wie müssten Sie vorgehen, damit er Wirklichkeit werden könnte? Oder können Sie sich vorstellen, Abstriche von Ihren Idealvorstellungen zu machen?

Falls Sie den Eindruck haben, alleine nicht weiterzukommen: Es gibt psychologische Testverfahren, bei denen die Stärken, Schwächen und Fähigkeiten der Teilnehmer analysiert werden. Sie werden meist unter den Begriffen »Potenzialanalyse« oder »Eignungstest« angeboten. Es gibt im Internet sowohl kostenlose als auch kostenpflichtige Tests *(siehe S. 217)*.

Korrekturen vornehmen

Manchmal sind wir gar nicht so weit von unseren Träumen entfernt. Es ist nicht das große Ganze, das uns stört, sondern es sind eher die kleinen Widrigkeiten des Alltags. Wenn Sie zu dem Schluss kommen, dass Ihr Job an sich Ihnen im Grunde gefällt, überlegen Sie, was Sie ändern könnten, damit Sie wieder zufriedener werden. Vielleicht wünschen Sie sich mehr Verantwortung oder ein anderes Team.

Vielleicht würden Sie gerne Ihre Arbeitszeit reduzieren oder mehr unterwegs sein. Was auch immer es ist: Sobald Sie Ihre Änderungswünsche konkretisieren konnten, gehen Sie sie an. Falls Sie es für möglich halten, in Ihrem jetzigen Job etwas zu ändern, suchen Sie das Gespräch mit Ihrem

Vorgesetzten. (Das Sie dann sehr gut vorbereiten sollten.) Wenn Sie den Job wechseln möchten: Lassen Sie sich Zeit und informieren Sie sich sehr gut, was das neue Unternehmen bietet, damit Ihnen die Veränderung auch das bringt, was Sie sich wünschen.

Quereinstieg wagen
Wenn Sie zu dem Schluss kommen, dass Sie gerne etwas anderes machen möchten, überlegen Sie, welche anderen Tätigkeiten Sie mit Ihren Qualifikationen ausfüllen könnten. Wenn Sie das nötige Rüstzeug und die Erfahrung für eine andere Aufgabe mitbringen, gilt es die potenziellen Arbeitgeber zu überzeugen. Dafür brauchen Sie Durchhaltevermögen. Nicht alle Unternehmen geben Quereinsteigern eine Chance, sie haben konkrete Vorstellungen von den Qualifikationen, die sie von ihren Bewerbern erwarten. Als Quereinsteiger müssen Sie glaubhaft darlegen, warum Sie für die Position geeignet sind und was Sie gerade mit Ihrem besonderen Hintergrund dem Unternehmen bringen können.

Recherchieren Sie Ihre Möglichkeiten. Ideal, wenn Sie die Gelegenheit haben, in den neuen Bereich erst hineinzuschnuppern. So können Sie testen, ob es wirklich das ist, was Sie sich vorstellen, und Sie können erste wertvolle Kontakte knüpfen.

Informationen sammeln
Vielleicht kommen Sie aber auch zu dem Ergebnis, dass Sie gerne etwas ganz anderes machen möchten und sich das ohne eine neue Aus- oder Weiterbildung nicht realisieren lässt. Dann heißt es mit Bedacht vorzugehen, damit Sie diese Herausforderung stemmen können, auch finanziell, und sich die Investition wirklich lohnt.

Informieren Sie sich sehr gut, welche Qualifikationen Sie erwerben müssen und darüber, was das finanziell und zeitlich bedeutet. Sprechen Sie mit anderen über Ihre Pläne. Das hilft, um selbst klarer zu sehen. Und Sie können sicher von manchem Ratschlag und mancher Erfahrung profitieren. Suchen Sie auch Kontakt zu Personen, die Ihren Wunschberuf ausüben. Vielleicht ist es sogar möglich, dass Sie einmal ihren Arbeitsalltag kennenlernen. Besorgen Sie sich die entsprechende Literatur und sondieren Sie den Stellenmarkt: Gibt es offene Positionen? Was verlangen die Arbeitgeber?

Bevor Sie sich zu kostspieligen Weiterbildungsmaßnahmen verpflichten, sollten Sie professionelle Hilfe in Anspruch nehmen. Suchen Sie Beratungsstellen auf, beispielsweise die örtliche Agentur für Arbeit. Hier gibt es viele Fachabteilungen, etwa wenn es um einen Jobwechsel ins Ausland geht oder um eine Existenzgründung. Weitere Anlaufstellen sind Verbände und Kammern.

Wenn Sie überlegen, sich selbstständig zu machen oder eine längere Auszeit zu nehmen, berechnen Sie Ihre finanziellen Bedürfnisse großzügig und bedenken Sie unvorhergesehene Ereignisse wie eine mögliche Krankheit. So verhindern Sie, in Notlagen zu geraten, falls etwas nicht nach Plan läuft.

Durchhalten

Welchen der beschriebenen Wege Sie auch gehen mögen: Lassen Sie sich nicht von Bedenkenträgern in Ihrem Umfeld oder ersten Schwierigkeiten abhalten. Es ist bewundernswert, wenn Sie den Mut aufbringen, etwas an Ihrer beruflichen Situation, unter der Sie leiden, zu ändern. Dafür haben Sie Anerkennung und Unterstützung verdient. Gestehen Sie sich im Vorhinein zu, dass Sie mit dem Berufswechsel ein »schwieriges Projekt« in Angriff nehmen, so bleiben Sie realistisch und werden nicht gleich von den ersten Problemen aus der Bahn geworfen.

Link-Hinweise

www.arbeitsagentur.de
Die Bundesagentur für Arbeit vermittelt nicht nur Arbeits-

lose. Sie hat verschiedene Fachabteilungen und kümmert sich beispielsweise auch um Existenzgründer und Deutsche, die im Ausland arbeiten möchten.

www.kursnet.arbeitsagentur.de

Die Weiterbildungsdatenbank der Bundesagentur für Arbeit

www.unicum.de/beruf/jobtest/test_info.php

Beim Online-Studentenmagazin ›Unicum‹ gibt es einen kostenlosen Job-Eignungstest, der von der Stiftung Warentest als »gut« eingestuft wird. Entwickelt hat ihn das Unternehmen eligo.

www.kununu.com

Auf dieser Webseite bewerten Mitarbeiter anonym ihre Arbeitgeber nach verschiedenen Kriterien, darunter Chef und Kollegen.

Anhang

Literatur

Arbeitsorganisation/Arbeitszeit

Deutsche Gesellschaft für Ernährung: Vollwertig essen und trinken nach den 10 Regeln der DFG. 2005

Hütte, Heinz: Zeitmanagement: Zeitfresser erkennen – Planungsinstrumente erfolgreich anwenden. Cornelsen, Berlin 2008

Kurz, Jürgen: Für immer aufgeräumt. 20 Prozent mehr Effizienz im Büro. Gabal Verlag, Offenbach 2007

Motivation

Kuhl, Julius; Martens, Jens-Uwe: Die Kunst der Selbstmotivierung. Neue Erkenntnisse der Motivationsforschung praktisch nutzen. W. Kohlhammer GmbH, Stuttgart 2009

Führung

DGB Index Gute Arbeit GmbH: DGB Index Gute Arbeit 2008 – Der Report. Berlin 2008 (steht als kostenloser PDF-Download im Internet zur Verfügung: www.dgb-index-gute-arbeit.de/downloads/publikationen #2008)

Team

Beermann, Beate; Brenscheidt, Frank: Wenn aus Kollegen Feinde werden – Der Ratgeber zum Umgang mit Mobbing. Bundesanstalt für Arbeitsschutz und Arbeitsmedizin, Dortmund 2007 (kann als pdf-Broschüre kostenlos heruntergeladen werden unter dem Menüpunkt »Publikationen« auf www.baua.de)

Hugo-Becker, Annegret; Becker, Henning: Psychologisches Konfliktmanagement. Beck Wirtschaftsberater im dtv, München 2004

Meschkutat, Bärbel; Stackelbeck, Martina; Langenhoff, Georg: Der Mobbing-Report. Eine Repräsentativ-Studie für die Bundesrepublik Deutschland. Bundesanstalt für Arbeitsschutz und Arbeitsmedizin, Dortmund 2002 (kann als PDF-Datei kostenlos heruntergeladen werden unter dem Menüpunkt »Publikationen« auf www.baua.de)

Schulz von Thun, Friedemann: Miteinander reden. Störungen und Klärungen. Rowohlt Taschenbuch Verlag, Reinbek 2008

Kreativität

Boos, Evelyn: Das große Buch der Kreativitätstechniken. Compact Verlag, München 2007

Holm-Hadulla, Rainer: Leidenschaft: Goethes Weg zur Kreativität. Eine Psychobiografie. Vandenhoeck & Ruprecht, Göttingen 2008

Schuler, Heinz; Görlich, Yvonne: Kreativität. Praxis der Personalpsychologie. Hogrefe Verlag, Göttingen 2007

Work-Life-Balance

Bundesanstalt für Arbeitsschutz und Arbeitsmedizin: Wohlbefinden im Büro – Arbeits- und Gesundheitsschutz bei der Büroarbeit. Dortmund 2009 (kann als PDF-Datei kostenlos heruntergeladen werden unter dem Menüpunkt »Publikationen« unter www.baua.de)

Bundesanstalt für Arbeitsschutz und Arbeitsmedizin: Technologien im Büro. Dortmund 2008 (kann als PDF-Datei kostenlos heruntergeladen werden unter dem Menüpunkt »Publikationen« unter www.baua.de)

Bundesanstalt für Arbeitsschutz und Arbeitsmedizin: Sitzlust statt Sitzfrust. Sitzen in der Arbeit und anderswo, Dortmund 2004 (kann als PDF-Datei kostenlos heruntergeladen werden unter dem Menüpunkt »Publikationen« unter www.baua.de)

Bundesministerium für Familie, Senioren, Frauen und Jugend: Elternzeit und Elterngeld. Das Bundeserziehungsgeldgesetz. Berlin 2009 (kann im Internet heruntergeladen werden unter www.bmfsfj.de unter dem Menüpunkt »Publikationen«)

Pohl, Elke: Sabbatical. So gewinnen alle. W. Bertelsmann, Bielefeld 2008

Gehalt
Holzapfel, Nicola: Ich verdiene mehr Gehalt. Campus Verlag, Frankfurt am Main 2009
Stiftung Warentest: Finanztest Spezial. Steuern 2010. Stiftung Warentest, Berlin 2010

Benimm
Asserate, Asfa-Wossen: Manieren. dtv, München 2005
Knigge, Adolph Freiherr: Vom richtigen Umgang mit Menschen. Fischer Taschenbuchverlag, Frankfurt am Main 2008

Persönliche Entwicklung
Bolles, Richard N.: Durchstarten zum Traumjob. Das ultimative Handbuch für Ein-, Um- und Aufsteiger. Campus Verlag, Frankfurt am Main 2007
Bundesagentur für Arbeit: Weiterbildung – Lernen ein Leben lang, Ausgabe 2007/2008. Bundesagentur für Arbeit, Nürnberg 2008 (Die Publikation kann kostenlos über die Arbeitsagenturen bezogen werden.)
Fichtl, Gisela: Zitate für Beruf und Karriere. Haufe Verlag, Freiburg 2007
Mentzel, Wolfgang: Rhetorik. Wirkungsvoll sprechen – überzeugend auftreten. Beck Wirtschaftsberater im dtv, München 2008